軍事思想史入門

——近代西洋と中国——

浅野 祐吾

原書房

文化史としての軍事思想

三浦朱門

第二次大戦に破れた日本は、新しい憲法によって、軍隊と交戦権を放棄すると同時に、軍事について考えることを一切やめてしまったように見える。最も冷静に現実の世界政治を見守るべき政党の幹部でさえ、日本は戦争をしないという平和憲法があるのだから、戦争にはならないのだと言い、一般に軍事を語ることは、軍国主義者、再軍備論者、好戦主義者あつかいされる傾向があった。

確かに軍隊もなく、外国軍に対する抵抗も一切しなければ、あらゆる形の戦争や戦闘行為はおこらない。しかしその場合、日本はどの国にも支配される危険がある。しかも、日本人は、決して他国の支配を好まないのである。米軍の占領下の記憶を持っている人は、決して、それをよろこばしい時代とは思わないであろうし、米軍と沖縄、ソ連と北方領土は、日本人にとって、常に釈然とできない問題である。

つまり、日本国民は日本の国の主権者として、一部の階級、あるいは他国民の支配下におかれることは好まない。それにもかかわらず、外敵から国を守るべき具体的方策を欠いているように見える。いや、あえて考えまいとしているのであろうか。憲法の前文に言う。

「日本国民は、恒久の平和を念願し、人間相互の関係を支配する崇高な思想を深く自覚するのであって、平和を愛する諸国民の公正と信義に信頼して、われらの安全と生存を保持しようと決意した。われらは、平和を維持し、専制と隷従、圧迫と偏狭を地上から永遠に除去しようと努めている国際社会において、名誉ある地位を占めたいと思う。……」

まず第一に、右に書かれてあることを、現実と認める人はまずいないだろう。そもそも専制と隷従、圧迫と偏狭を永遠に除去しようと努めている国際社会というのが虚構である。全社会主義国家が、専制と隷従の社会であることは、今日、どれほど左翼的な人でも認めるであろう。そしてまた、途上国のほとんどすべてがこのグループに入る。先進国といえども、圧迫と偏狭が絶無であるとは、どんな左翼ぎらいの人でも断言することはできなかろう。しかもすべての国々は、これらの悪を永遠に除去しようとするどころか、こういう悪が存在しないかの如くに装っているのである。

こういう現実の国際社会で名誉ある地位をえようとすれば、日本は狼の群に草を食べて生きよと説く羊のように、物笑いになるであろう。そして、私たちは、このような国々の人々が果して平和を愛することを期待できるであろうか。そしてさらに彼らの公正と信義をあてにすることができるであろうか。第二次大戦後の三十年は、国際社会というものが決して倫理的なものでなく、そこには冷たい政治と経済の力学が働らいていることを、私たちに教えてくれるはずである。

つまり、私たちが三十余年、戦争にまきこまれなかったのは、諸国民が平和を愛するからでもなく、ましてや、彼らが公正であり、信義を重んじたからではなく、たまたま、日本をめぐる政治・経済の力学によって、日本は微妙なバランスを保つことができたにすぎない。

人間社会の理想は、あるいは無政府主義にあるのかもしれない。しかし無政府主義を体制として採用するためには、すべての人が極めて政治的になる必要があろう。個々の人の一つ一つの行為が持つ政治的な意味を考え、共同の福祉と安全のために、時には自分を犠牲にするだけの覚悟を持たない限り、無政府主義の社会は、事あるごとにパニックにおそわれ、火災におそわれた満員の劇場のような、あるいはオイルショック当時の、トイレット・ペーパー騒動のような混乱がおこるであろう。

同じように、日本が戦争にまきこまれたくなければ、私たちは戦争について知らなければならない。それは伝染病にかからないために、病源菌の生理を知り、その研究の結果えられた予防注射をするのと似ている。

戦争という言葉を日本中の辞書から削り、人々の頭から抹殺しても、戦争はなくならない。国民の一人でも多くの人が、戦争と軍隊について正しい認識を持つことが、日本人が平和を守りうるための第一条件ではあるまいか。

もっとも、戦前の、軍国主義と言われる時代でも、決して、戦争や軍隊についての知識が日本人に普及していたのではない。むしろそれは軍事機密の名の下に、国民の手の届かない所に秘蔵されていたのである。軍人はその専門家と自負し、あえて一般国民の自覚の高まりをあてにすることをしなかった。つまり少数の専門家と、多数の無知な人間というのが戦前の軍事思想の普及状態だった。

戦後、軍人は軍事の専門家としての地位を失った。無知な一般人は、軍人を軽侮すると共にその知識も黙殺した。その結果、憲法の前文に書かれた理想を現実と思い違いするような奇妙な国際感覚と軍事に対する扱いがうまれた。

今日、日本人は初めて、一人の市民として軍事的な面から、世界と歴史を眺めることができるようになりかけている。戦前は、軍人の専有物であり、戦後はおよそ無意味なものとされていた軍事知識や兵学。しかしこの三十年の歴史を思う時、現実を正しく理解しようとする人々は、多くの国や民族の政治・経済・文化と共に、いやその一部としての軍事的な面の知識を身につける必要を認めはじめている。

この本の著者の浅野祐吾氏は、旧軍の陸士、陸大の出身者で、戦後は陸上自衛隊の幹部学校で軍事学の教育を定年まで勤めた方である。キリスト教徒である私はふとしたことから、島原の乱を書くことになって、これはとにかくも戦乱だから、というので、浅野氏の教えを乞い、以来、最も不熱心な弟子の一人に、勝手に加えていただくことにした。そして、人間の歴史を軍事史として眺める観点がありうることを――というのは、不敏なる私にはありそうだということしかわからないのだが――浅野氏より教えていただいたように思う。

人体の解剖図にしても、筋肉、骨格、循環器、などいろいろの形のものがありうるように、人間の歴史にも、多くの種類がある。そして、前述のような理由で、人間の文化史を軍事思想の流れという観点からとらえた研究は、日本では極めてすくなかった。その意味でも、深い専門家の学識を動員して、素人にも理解しうるような形で、浅野氏がこの度の著作を発表されたことを、私は一人の読者としてよろこびたいと思う。

昭和五十四年四月

まえがき

戦後の歴史ブームを承けて最近は軍事思想の変遷について知りたいとの要望が昂まりつつあるようである。しかしそれには各時代に生じた多くの戦史や兵学家の理論書をはじめとして、それぞれの時代背景を承知しなければならず、したがってこれに応えるためには尨大な紙数を要せざるを得ない。それでは多忙な生活下にある人々、特に初心者には容易に読む時間が得られないと思われるので、何とか誰でも平易に読めてしかもそのアウトラインがつかめるような、所謂着流しのものをダイジェスト的に記述し、かつ軍事思想史なるものの捉まえ方を紹介してみようと考えて筆をとったのが本書である。

そのため次の五点に着目して見た。

その第一は軍事思想史とは何かについてである。

通常我々の興味をひくのは軍隊をもってする戦争のやり方、俗に言う戦略・戦術（用兵）の考え方の変遷にあると思われるが、これには様々の客観的な事実や条件があり、これによって生れるべくして生れ、変るべくして変るものであることを知っておかなければならない。

そこで少なくとも直接的には軍事諸制度と兵器技術が、また間接的には個人の軍事理論や社会的背景との相関によって成り立っていることを認識することの方がより大切である。この辺の事情をふまえて軍事思想形成の骨組みと、その変遷の因果関係をパノラマ的に展開しようとしたわけである。

第二は記述の範囲を洋の東西において概観することである。

西洋に関しては近代約五〇〇年を、また東洋については隣国の中国約二五〇〇年を対象とした。この選択の根拠とする理由は、西洋にあっては近々五〇〇年の間にめまぐるしい変遷が見られ、その変化の跡を比較的きめ細かく観察することが現代を理解するのに興味があると思われるので記述の主体をここに置いた。他方、東洋にあっては余りに広地域であるので中国のみに限定し、その代りに約二五〇〇年の長期間の歴史を概観して西洋のそれとの比較の参考に供した。

このように東西それぞれ視点を異にしたのは理由のあることで、総じて言えばヨーロッパと中国の歴史が持つ個有の梯尺の相異によるものである。

第三は前記二点を補足して共通の足場を持たせようとしたことである。

これがためにまず多少理屈っぽくなるが、軍事思想史なるものについて軍事学的な解説を行い、次いで東西の梯尺を異にした記述以前において、共通した軍事的常識となる要素や東西の関係等を、極力世界史的視点から基礎的に述べて序章としたことである。

第四はわが国との関係に触れたことである。

わが国の軍事思想史を記述することの意義は認めるが、本書の中に入れるとかえって複雑になるおそれもあると思われるので別の機会に譲ることにした。

しかしヨーロッパも中国も共にわが国に及ぼした影響は極めて大きいので、これを避けて通るわけには行かない。そこで最小限必要と思われることの一端に触れるのみに止めた。

第五は考え方、捉まえ方に関する筆者の観察を提示したことである。

以上の諸点そのものが筆者の観察の態度そのものに他ならないのであるが、軍事思想の中心的存在とも思われる用兵思想の歴史的推移を通してその系譜的な論理を樹てて見たのである。意をつくし得ない点は多々あると思われるが、考察の一端を提示することが、本書を書いた筆者の意図の理解を容易にすると共に、読者の軍事思想史への関心と興味を湧かせるための一助になればと思ったからである。

総じて歴史においては、客観的諸条件が思想形成に大きな影響を及ぼすのであるが、他方、思想が思想に及ぼす影響もまた決して看過することはできないものである。

この両観点に立って若干の私見を交えつつ綴ったのがぎりぎりのところ筆者の着目した執筆の態度であり、本書の主題を『軍事思想史入門』とした理由である。

今回図らずも筆者の親友近藤新治氏、田崎英之氏等から本稿の出版をすすめられ、また原書房社長成瀬恭氏からの好意ある依頼を受けて上梓された次第であるが、さらに特筆せずにおれないのは、筆者が平素さまざまな面で鋭い示唆をいただいている作家の三浦朱門氏から此の度図らずも激励の言葉を賜ったことは望外の喜びである。これらの方々にこの紙面を借りて心から感謝の意を表したい。

昭和五十四年四月

目次

郵便はがき

料金受取人払郵便

新宿支店承認

7982

差出有効期限
平成23年10月
6日まで

切手をはらずにお出し下さい

1 6 0 - 8 7 9 1

3 4 4

東京都新宿区
新宿一－二五－一三

（受取人）

原書房

読者係 行

1 6 0 8 7 9 1 3 4 4 7

図書注文書（当社刊行物のご注文にご利用下さい）

書名	本体価格	申込数
		部
		部
		部

お名前　　注文日　年　月　日

ご連絡先電話番号（必ずご記入ください）
□自宅（　　）
□勤務先（　　）

ご指定書店（地区　　）（お買つけの書店名をご記入下さい）

書店名　　書店（　　店）

帳合

4566

軍事思想史入門

浅野祐吾 著

愛読者カード

＊より良い出版の参考のために、以下のアンケートにご協力をお願いします。＊但し、今後あなたの個人情報（住所・氏名・電話・メールなど）を使って、原書房のご案内などを送って欲しくないという方は、右の□に×印を付けてください。 □

フリガナ
お名前 男・女（ 歳）

ご住所 〒 -

市 町
郡 村
TEL （ ）
e-mail @

ご職業 1 会社員 2 自営業 3 公務員 4 教育関係
5 学生 6 主婦 7 その他（ ）

お買い求めのポイント
1 テーマに興味があった 2 内容がおもしろそうだった
3 タイトル 4 表紙デザイン 5 著者 6 帯の文句
7 広告を見て（新聞名・雑誌名 ）
8 書評を読んで（新聞名・雑誌名 ）
9 その他（ ）

お好きな本のジャンル
1 ミステリー・エンターテインメント
2 その他の小説・エッセイ 3 ノンフィクション
4 人文・歴史 その他（5 天声人語 6 軍事 7 ）

ご購読新聞雑誌

本書への感想、また読んでみたい作家、テーマなどございましたらお聞かせください。

第二章　中国の軍事思想の変遷

序　章　軍事思想史とは

一、軍事思想史の学問的性格

最初の疑問

はじめからいささか理屈っぽいことに触れるが「軍事思想史とは何か」について考えてみたい。ところがこれを考えてゆくと、まず「軍事とは何か」「軍事学はいかなる内容を含んでいるのか」「軍事学と戦争学とはどんな関係にあるのか」「軍事思想とは何か」「軍事思想史によって何が得られるのか」と言った疑問が相次いで生じて止まるところを知らない。

これらについて詳しく答えるのが本書の主旨ではないが、このような疑問を解消してゆこうとする姿勢そのものが実は軍事学に入るために重要な態度なのである。

しかし遺憾なことにはこれらについて親切に解説された書物は余り見当らない。それはこの種の概念が書く者の視点によって異なるばかりでなく、時代や環境の変化に伴ってどんどん変容してゆくので書き難いからだと思われる。

そこで読者の頭の中を整理するために、ここでは概して一般に言われている範囲で、本書を読むのに必要最小限の説明をしておきたい。

軍事とは

軍事の概念を構成するものには二つの要素がある。その一つは機能としての要素であり、他の一つは価値（目的）としての要素である。

機能的要素とは外交、財政、経済、教育、文化等がそれぞれ国家の行政機能としての地位にあるのと肩を並べた法的な概念であって、その実態とするところは軍隊の管理・運営に関することを行っている点である。

他方、軍事は戦争に際してその有する武力をいかに行使するかの任務を有する。したがって戦争を離れて軍事を考えることは許されない。戦争とは従来特異な政治現象であると言われて来たが、軍事という機能をもってこの政治現象に臨むためには、自《おの》ら《ずか》その責任領域があり、政治が命ずる使命に対し価値の選択が目的的に行われる。

中国に『孫子』と称する古典書がある。この中には「兵」という言葉がしばしば出てくるが、その個所によっては「兵」を「戦争」と解した方がわかり易い場合もあれば、「軍隊」と解した方がよい場合が交々《こもごも》と散見される。

こと程左様に「戦争」と「軍隊」とは別の意味を持ちながら同一の言葉で表現されているところに両者に密接な関係のあることを思い知らされるのである。

したがって軍事とは一応戦争を想定し、これを対象として軍隊を建設し、維持管理し、かつ必要に応じて武力戦を遂行する行政機能であるとして、その具体的な内容については、次の軍事学体系において触れることにする。

軍事学の体系

(1) 軍事学体系の特色

軍事に関する分野は以上の二点から見ても、それぞれの分野は機能的にさらに多くの分野に細分されると共に相互の関係もまた密接となる。しかしこれをいかに体系づけることが適当であるかについては特に定説はない。このことは一般の学問においても同様に言えることであって、教育や研究の視点によっても、また時代環境の変化によっても絶えず制約を受けつつ変るものであるからである。

わが国ではこの種の分野を総合してかつては「兵学」とか「軍事科学」とか称し、また現在の自衛隊では「防衛学」と称しているが、その内容や修学の態度は必ずしも同一ではない。元来軍事がこれを本職とする軍人の分野であるばかりでなく、広くは、政治、経済、社会等の諸現象や諸政策に関係し、延《ひい》ては最も基本的な人間の人生観や世界観にも根ざしているので、その体系の設定も前記の制約を受けるほかに、以下述べるような広狭各種の捉え方によらざるを得ない。

軍事学を軍事機能の面から捉えるとこのようになるが、次に研究のやり方（方法論）からも体系づける必要が生ずる。これは一般の学問、特に社会科学の方法に準ずる。

つまり経験としての軍事史、法則性追及のための軍事理論および教義を定めるための軍事規範（政策）論等に大別される分野があるが、これについても後で若干の説明を加えたい。

(2)　狭義の軍事学体系

従来特に旧陸軍が軍事制度上の立場から主として将校に対する教育体系として捉えていたものを大別すると、軍部の直接的な責任領域に属する範囲の軍事行政と作戦用兵の二分野がある。

つまりこの場合の軍事行政とは政府の定める国家の軍事諸制度に基づいていかに軍隊を建設維持し、これを管理するかであり、作戦用兵とは政府の定める戦争目的を達成するため、いかに武力戦を指導するかに関する戦闘力の運用諸技術に属するものである。

特に作戦用兵において卓越することが軍事を担当する者にとっての最終使命であるので、軍事行政もまたこの使命完遂のために平素から準備されるべきものであった。

したがって軍部内において準備されるべき軍事規律、教育訓練、兵器の整備、開発等の諸々の行政管理や、軍事力運用に関する戦略、戦術や統率等はすべて軍事学の範疇に属していたのである。

しかし以上から推察しうるようにこれらのすべてが政治と密接不可分に結びついており、将校たるものは、政治、国家、国民等と無関係に自己の領域の中で思索し、実践することは、かつての西洋の一八世紀頃までの傭兵軍隊ならいざ知らず、近代国家の軍隊を運営し、総力戦の一翼を担って行くことは困難となって行く。したがって軍人としての身分領域にあっても、政治、社会等に関する深い認識を持たざるを得なくなる。

(3) 広義の軍事学体系

ここで言う分野は軍人の実践上の責任領域ではなくて、軍人が職務遂行のために知っておかなければならない教養の分野である。ところがその教養も時代の進展に伴って深い認識がなければ、軍人本来の職務の遂行さえも危ぶまれるほどに緊要さを増して来たのである。

例えば国が決定した兵役制度がいかなる政治的要請から生じたものであるかを承知しておくことは、作戦用兵を適切に行うための不可欠な条件であり、また作戦用兵の道具としての兵器にいかなる質や量を求めるかについては、軍事技術一般の水準や政策目標と深い関係のあることを知らなければならない。そのほか政治と軍事との関係についての国家の考え方や制度、軍事戦略の基礎となるべき国家の総合戦略の考え方等についての認識においても同様のことが言えるわけである。このように軍事の研究領域は軍人の実践上の責任領域を越えるばかりでなく、軍事に関する研究上の隣接領域を拡大するようになって来たのである。

これを広義の軍事学体系の領域と称するのであるが、現代においてはさらにその領域の深い堀り下げが必要となって来ている。

例えば軍隊とは現代社会においていかなる存在価値があるのか、戦争とはいかなる社会現象として捉えるべきか等と言った社会学的または哲学的に再検討を加えるべき問題が、軍人や政治家のほかにこの種の研究に関心のある学者間において問われようとしている。

これらは人類の社会意識や科学技術の高度の発達と変化によって生じた社会の構造的変革が従来の軍事問題について抜本的な問題提起となったと思われる。

従来ならばこのようなことは学者や政治家達に委せておけばよいとされていたのであるが、現代では軍人にとってもそれが単なる観念的遊戯に属するものとして等閑視することを許さず、自己の責任領域に直接的な結びつきとなって来ている。

かくて軍事学は軍人が自分の職責を果すための実際的現実のものと考えていたものから、広範囲でかつ深い思索を伴った研究領域へと拡大しつつあると言うのが現状である。

(4) 研究方法からする軍事学の領域

我々がものごとを考えるには様々な方法を用いるが、大別して二つの方法がある。その一つはものごとを原因と結果との関係（因果関係）から分析整理して、その間に横たわるある種の法則性を抽象してゆくことであり、他の一つは目的を達成するための諸手段を分析整理して、その間に目的、手段の関係からある種の選択を行うための抽象的尺度（原則）を発見しようとする思考のタイプである。

前者を理論、後者を規範（政策）論と言うが、そのいずれも重要な思考の方法であり、特に実践に任ずる軍人にとって規範論的思考は従来から重視されて来ている。

しかしそのいずれを採ろうとその基礎となる材料は歴史的な経験であり、軍事学においてはこれを軍事史と称している。つまり正確な史実によって綴られた軍事史がなければ、以上のいずれの方法をもってしても、法則性や判断のための行動規準が得られないと言うことになる。

軍事の研究が経験的科学の範疇に属する限り、いかに有効な科学的方法が発見されたからと言って軍事史が無用の長物になったわけではなく、依然として基礎的な存在である所以はここにある。次に軍事史とは何であるかについて触れて見よう。

軍事史について

(1) 軍事史の対象領域と戦争史

軍事史が対象とする領域は軍事学の体系に掲げるすべての項目にわたることは前項に述べたとおりでその範囲は極めて広汎である。さらにこれに時間的要素や関係的要素を加えると一層複雑になる。例えば時間的要素としては特定の時間に限られたある戦役や作戦のみを取りあげる個別な研究と、相当長期にわたり変遷や発達の過程を辿るような変遷史等があり、関係的な要素としては軍制と用兵、兵器等の関係に見るような機能的相互作用の関係を調べるような関係史がある。

これらの多くは戦争や戦闘等の特異な政治現象や軍事現象と切り離すことができない。

戦争史はそれ自体様々な類型を持っているが、過去の歴史においては軍事史と同義語の内容を有するものが少なくなく、混然一体となって叙述されている。

戦争は本来政治概念に属するものであるが、戦争には大なり小なり武力戦を伴い、これを実践する分野が軍事に属するので、軍事にとって戦争は不可欠な対象とならざるを得ない。

(2) 軍事史の研究方法

史学の研究には考証と考察の二面がある。

考証とは諸々の歴史史料から史実の客観的妥当性を評価することを目的とし、考察とは考証された事実に基づいて観察することである。実証された事実によってつくられるのを叙述史と言い、これに考察を加えたものを理論史と言う。

考証すべき事実は主として文書等の記録に基づくものであるがその記録の中には兵学書等の理論書も含まれる。この理論書から求めるものにはその理論書そのものの実在を確かめる場合と、それがいかにして生れ、それが何を意味するかを考察する場合がある。後者は具体的事実を基礎として行う一般の軍事史とはその研究目的や方法において若干の違いがある。これを軍事思想史と言う。

以下本書における軍事思想史について触れることにする。

本書の軍事思想史について

(1) 軍事思想とは

軍事思想とは通常戦略や戦術に関する作戦用兵の考え方に向けられるようであるが、既述の軍事学体系に見るように軍事には様々の要素がある。しかもこれらの相互間には何らかの因果関係が成立しているので、これらの関係を総合したものが軍事思想でなければならない。特に軍事制度、兵器および用兵の三要素は軍事プロパーとして見た軍事思想形成の重要な要因であると思われる。したがってよしんば用兵思想をもって軍事思想を代表させる場合においても軍事制度や兵器について無関心であってはならないわけである。

(2) 軍事思想史の目的とその研究方法

軍事思想史とはこのような総合的な軍事思想を歴史的に展開して各時代の特色とその歴史的変遷を辿るものである。

そこでこの研究方法をいかにすべきかと言うことになるのであるが、まず軍事思想なるものが観念の産物であって事実ではないということに留意することである。軍制や兵器については事実として捉えることができるが用兵に関しては特に思想とか、考え方の一般傾向としか捉えることができない。この観念をどのようにして捉えるかが軍事思想史の困難な問題点であるが、次の五点からアプローチすることが可能である。

その第一点は戦争史を通じて見られる若干の特定の将帥等の用兵実績から考察することである。

第二点はその時代の著名な兵学書等を通じてその用兵理論を研究することである。

前者は戦史研究、後者は用兵理論の研究であるが、いずれも特定個人的な成果に関する探究でしかないので、これのみをもってその時代を代表する普遍的な用兵思想であると断定することはできない。そこでこれが例外的なものであるのか、代表的なものであるのかを調査する必要が生じてくる。その方法として、第三点は戦争史研究の考察と兵学書等に見られる用兵理論との間の共通性の有無を調べなければならない。

しかしこの場合に共通性が得られたからと言って直ちに結論に導くわけにはいかない。そこで第四点はその時代の歴史を概観して諸々の社会的諸現象とこれらの用兵思想の誕生との間に存在する因果関係の有無を調べることである。つまりその軍事思想が生れるべき客観条件が備わっていたと見ればある程度の蓋然的な普遍性を認めることができるというものである。

第五点は再度軍事に目を向けて軍制や兵器等の具体的事実と用兵思想との関係において軍事思想成立の内的関係を確かめるのである。しかしながら研究の対象となるある時代に限ってはこれらの全アプローチができない場合もあるが、その場合は可能な範囲に止めざるを得ない。

以上は第一段階として各時代の軍事思想の歴史的展開についての研究の方法である。

第二段階はこれら各時代の軍事思想がその後における歴史的な変遷をいかに辿るかである。一般の歴史が非連続面と連続面を共有しながら変化するのと同じように、軍事思想の変遷もまた一見非連続的な変化をつづけながらある種の系譜を描いて連続性を維持する。この流れをいかに観察するかはもはや軍事史の範囲を越えて理論的考察の段階に入るものと考えられるが、このような観察とその能力の養成こそ筆者が本書に期待する最終目的である。

(3) 軍事思想史研究の効用

以上の説明によって、もはや研究の効用について言及する必要を認めないと思われるが、重ねてその意義をたしかめておきたい。

「二度と繰り返すことが絶対に期待し得ない過去のことを知って、一体それが将来のために役に立つだろうか」との軍事史無用論を聞くことがある。しかし我々は過去にいかなる軍事思想が見られたかを知っておくことが現代において決して無益であるとは思わない。特に、「それらの思想が過去においてなぜ生じたのか」また「なぜ変遷を余儀なくしたのか」等を考えるのは極めて重要なことでさえある。軍事思想史の研究においては前項で述べたようにほとんどが理論的な考察であり、これを通じて得るものは知識と言うよりはむしろ研究者自身の観察能力ではなかったろうか。

ここに明日に備える直接的な効用が存するものと思われる。その点では、軍事思想史は軍事史であると共に軍事理論であり、軍事史として見ても理論史研究の色彩が強いことを認識させられるのである。

二、戦争史の概観

西洋と東洋のたたかい

(1) 西洋史と東洋史およびその関係

西洋史の対象とする軍事研究の範囲は時代的には古代のギリシャ・ローマ時代以降の約二千数百年、地域的にはヨーロッパ半島を中心として取り扱われるのが通常である。しかしこれを種族的に見ると現代ヨーロッパ人の先祖は四〜五世紀頃に北欧から大移動したアーリヤ系のゲルマン民族であって、これが現在のヨーロッパ半島の大部分の地に定着したのであるから、せいぜい一五〇〇年ほどの歴史しか持っていないことになる。つまりそれ以前のギリシャ・ローマ人によって建設された地中海中心の文化とは民族的には異質なものであると見なすことができる。

これに比べて東洋史が対象とする領域は実に広くかつ長い歴史をもっている。大きく分けても西アジア、中央アジア、中国およびその周辺の東アジア、インドを中心とする南アジア等それぞれ異質の文化圏に分かれている。これらの各種文化圏形成の源をさらに歴史的にさかのぼれば、世界最古のオリエント文化に到達すると言われているが、このように東洋の歴史は著しく多様性を持っている。このように見てくると西洋史と東洋史とは対象範囲が異なるので比較し難いものがある。しかし西洋の文化圏は東洋のいずれの文化圏とも古来から深い関わりを持って来ていたことを無視することはできない。

専門家の研究によれば西アジアに発祥した最古の文化が西に伝播してギリシャ・ローマ文化を、東は前記の各地域にそれぞれ独自の文化を開花させた。その後これらにはそれぞれ盛衰があったが、陸路、海路の交通機関の発達と共に相互の交流は盛んに行われたと言われる。

この文化の交流は主として各時期に見られる民族の大移動、通商貿易および戦争等によって絶えず行われながら今日に到っているのである。

このように東洋と西洋とを文化交流の関係として見て行くことは興味深く意義のあるものであり、その関係づけのために重要な一翼を担った戦争の中から各地域における軍事思想の変遷を辿ることは世界史的な観点において重要なことである。

(2) 戦争史的に見た東西の力関係

紀元前二〜三〇〇〇年前に発祥した西アジアの所謂オリエント文化は、その後中央アジアからの数度の民族の大移動を経て成長発展し、この間に民族的都市国家の生滅が繰り返され、紀元前六世紀頃には古代の世界帝国が建設された。この大帝国の建設によってこの地方の文化は東西の両地域に影響を及ぼし、西のヘレニズム、東のインド文化を開花させた。このような文化の交流を戦争史的に見ると、東西の勢力の優劣の歴史的な振幅と見られて興味深い。例えば、紀元前一〇世紀頃から前六世紀頃まではバビロニヤ、シリア、ペルシャ等のアジアの大帝国の建設に見るように明らかに東風が西風を圧したと言えよう。その後紀元前五世紀以降ギリシャ次いでローマが勢力を得て所謂「地中海時代」をつくったことは風向きが逆転したと見られよう。しかし紀元五世紀から一五世紀にわたる約一〇〇〇年の西洋の中世期は全くアジア勢の圧倒的な攻勢を受けて文字通り暗黒時代となった。これは再び東風の優勢転移を物語る。四世紀のフン族、八世紀のアラビヤ人、一二世紀のセルジュクトルコ国、一三世紀のモンゴル族、一五世紀のオスマントルコ国の西欧地区への侵入等に見るとおりである。

しかるに西洋が近代を迎えるや、ゲルマン民族を中心とする新勢力が反撃に出てヨーロッパ大陸の北方および南の海洋の両面から広く極東に向けて大攻勢に転移した。このような東西の振幅の歴史は文化交流の過程と共に大ざっぱながら認識しておいてよい問題ではなかろうか。

国家体制と戦争形態の変遷

(1) 時代区分

前項において東西間の力関係の推移を歴史的に大観したので、本項においては世界史的に戦争の形態がいかなる変遷を辿ったかについて概観しておきたい。

『戦争類型史論』(酒井鎬次中将著　昭一八)は洋の東西を通じて国家形態の変化を基礎とし、これを世界史的に四期に区分し、それぞれの時代の戦争形態等について概説しているので、次のような時代区分による戦争の特色を同書の一部から引用して紹介する。

第一期　民族国家創生時代　紀元前八世紀頃まで
第二期　世界的国家試練時代　前六〜二世紀
第三期　国家体制変換時代　後五〜一六世紀頃
第四期　近代国家時代　一六世紀以降

この時代区分は多少西洋史的偏向の嫌いがあるが、戦争の特色を概観するためには好個の示唆を受けるものがある。(『世界の主要な戦争年表(第二次世界大戦まで)』二六七頁参照)

(2) 民族国家創生時代

代表的な戦争にはサルゴン大王の戦争(東、前一八〇〇)、ハムラビ王の戦争(東、一九五五)、鳴条の戦（東、前一七六七）、アバリス大戦（西、前一五八〇）、エジプト外征戦争（西・東、前一四五〇）、牧野の戦（東、前一一二二）、アッシリヤ・サルゴン王戦争（東、前七二二）がある。これらの七大戦争を通じて我々の胸を打つものは戦争が素朴ながら雄渾、豪壮な姿で行われたことである。

当時の人口がさほど稠密でなかったのに比し参加兵力は相当大であった。内容的には海戦が割り合いに少なかったことは陸上交通が主であったためと思われる。

武器は必ずしも一様ではないが、一般に平素の生活に使用されている狩猟具や農耕具が若干改造された程度で、戦争専用のものは極めて少なかった。これは全国皆兵制の国民戦争の時代としては自然の勢いであろう。

戦法については前節に述べたように生活様式によって異なるものがあるが、ウエルズと言う歴史学者はこの時代について「北方の遊牧民がすでに定着していた農業国家を滅ぼし、これに代って定着して農耕民となる頃には再び北方から新しい遊牧民が、この定着民族を征服するのが一つの公式である」と述べているように戦法の優秀性がこの時代の戦争を支配する有力な素因をなしたことを物語るものである。

(3) 世界的国家試練時代

ペルシャ大帝国戦争（東、前五五〇〜）、アレキサンダー大帝国戦争（東・西、前三三六〜）、アショカ大帝国戦争（東、前二六四〜）、ローマ大帝国戦争（西、前二六四〜）、秦大帝国戦争（東、前二五六〜）、漢大帝国戦争（東、前二〇二〜）等、六大戦争を概観するに、前時代の素朴、簡明、雄渾な戦争が一層奔放的に激烈の度を加えて来ているのを見る。各地方の地理的、政治的環境および民族性によりそれぞれの特色が認められるが、戦争の形態一般としては兵力規模が増大し、海戦が陸戦と共に重要な武力戦として登場したことが注目される。それは西洋の一八世紀から一九世紀初頭の規模に匹敵するものがある。

この時代に常備軍が生れ、戦時にはさらに大動員される。徴兵制も現われたが、同時に傭兵制も行われ、兵力規模の増大を必要とするに伴い傭兵の数は激増した。戦法も大兵団の使用と共に進歩し、この時代にすでに戦略、戦術等がギリシャや中国に生れている。

陸軍では、歩兵、騎兵、戦車兵等が分業化し、象の使用された地域もあった。武器も次第に軍用の専門的のものとなり、遠戦兵器や騎兵の活躍が目覚ましい。海軍においても軍船が生じた。通信術もいろいろと工夫されるようになった。大兵団の運用上、ギリシャ、ローマでは軍隊をファランクス、レギオン等の戦術単位に編成して、それを縦深、横広に配置するのが通例となった。

(4) 国家体制変換時代（混沌時代）

アッチラ王の戦争（東・西、四五一）、サラセン戦争（東・西、六四〇〜）、十字軍の戦争（西・東、一〇九六〜）、ジンギスカン戦争（東・西一二二一〜）、元寇の役（東、一二七四〜）、スイス独立戦争（西、一三一五〜）、百年戦争（西、一三三八）、チムールの戦争（東、一四〇〇）、アクバル大帝戦争（東、一五五六〜）の九戦争が代表的な戦争として概観される。既述のようにアジア勢が圧倒的な強みを見せてヨーロッパを蹂躪した時代であるが、前の世界的国家試練時代に比べると、華々しく雄渾な戦争でないものが多く、軍事的に特筆大書すべきものも少ない。ジンギスカンの行った遊牧民族の戦争でさえも、侵略と破壊の連続であったと言わざるを得ない。

これまでの戦争の多くは遊牧民族と農耕民族の対決が主であったが、やがて近代と共に衰退し、新たに資本主義国と非資本主義国の対決へと移行する。戦争規模から見ると前時代に華やかだった海戦は少なくなり、また海戦の役割も減じている。参加兵力は概して少ないが交通手段の発達によって戦域の広さにおいては前時代を凌駕するものも生じた。戦闘の内容では砲、銃等火薬を利用した兵器が登場するが、精度は極めて低く、あるいは液体焼夷剤を使用した砲の程度に過ぎず、概して戦場を支配するような兵器の存在は見られなかった。ただ総力戦の見地からすれば遊牧民を率いたジンギスカンはその民族生活の特性を生かし、戦争準備、全国皆兵主義に基づく軍の編成装備と社会組織との合一、民族的特性を発揮した戦略、戦術および訓練のやり方等は後世のヨーロッパ人に多くの教訓をもたらしたと言われている。

ヨーロッパにおいてはキリスト教文化が開花し、人間味豊かな時代を迎えたが、この間異教徒との間に宗教を原因とした戦争が台頭した。しかしこの種の戦争はむしろ間接的ながらヨーロッパの結束を固め、商業や技術面の進歩発展に貢献した面が多かった。したがって後世に見るような激烈な戦争にはならず、また戦争目的が必ずしも明確でなく「戦争らしからざる戦争」であったと言えよう。宗教戦争がキリスト教自体の内部的教派の対立によって激化するのは近世を待たなければならない。

(5)　近代国家時代

この時代における著名な戦争の大部分は西洋において生じている。この時代の戦争の特色と言えば第一に戦争規模が著しく拡大し、時代の推移と共に世界的規模にまで広がったことであり、第二に科学技術の発達と、民族意識の昂揚によって戦争様相の激化が見られる。

これを既往の各時代と比較すると、近代国家時代の前半は第一期の民族国家創生時代の復活を思わせるものがあり、後半は世界大戦を契機として第二期の世界的国家試練時代を想起させるものがある。

戦争規模の拡大は単に陸上地域に止まらず、海上、海中を含めた海域および空域に及び、戦争様相の激化は兵器の発達による大量殺戮と破壊をもたらした点において前三期には見られないものがあり、これに伴って各戦域ごとに作戦上の戦略・戦術も多様化した。

民族戦争、国家戦争の立場からすれば国家の総力を挙げての総力戦争に、また連合戦争の立場からすれば国家群の対立が全世界を二分する全球戦争にまで発展するに到った。ここにおいて武力戦を主体とする軍事戦略よりも、国家戦略が世界的戦略の規模において重要視されるようになって来ている。

この時代の詳細については第一章において述べることにする。

三、遊牧民族と農耕民族の軍事的特色

生活環境を異にする二種の民族

近代工業文化の発生以前における人類の生活様式は主として地理的環境の相異から大別して遊牧生活と農耕生活の二種類のものが見られた。この両者はいずれが文化的に優越しているかを決めることはできない。一九世紀の初頭頃までは遊牧生活が進化して農耕生活に移行するものの如くに考えられていたふしも見られたが、今日ではこの考え方は無い。遊牧生活を営むものを通常遊牧民族と総称し、また騎馬を使用したことから騎馬民族とも言われるが、その生活環境の相異によってさらに幾つかの生活様式に分かれている。例えば森林地帯において鳥獣の狩猟を行うもの、ステップと称する大草原地帯において家畜を遊牧させるもの、砂漠地帯においてオアシスを中心に小規模の農耕と遊牧とを併用させるもの等の区別が見られる。しかし一般に少数単位の部族が広大な土地を背景として生活

し、肉食を主とし、農耕民族との間に毛皮や獣肉と農作物の交換によって経済生計を営むことを常とした。

これに比べて農耕民族は農耕適地に土着して農作物を生産し、これを生活の基礎とした。したがってこの地域は人口が集中し、大部族集団を形成するのを常態とした。そのため土地から得られる収穫量と人口とのバランスを保持するため、農耕民族は絶えず農耕面積の拡大にも力を注いだ。

このように生活環境によってそれぞれ利害を異にする両民族との間には通商と戦争との二種類の文化交流が行われた。遊牧民族の生産力は農耕民族のそれに比して概して十分とは言えなかったので、往々にして農耕民族の部落を襲撃して、穀物、金品、財宝や人質の掠奪を行うための戦争を仕掛けた。これに対して農耕民族は防戦的であった。しかし、だからと言って農耕民族が防戦一辺倒であったわけでなく、彼らの最も貴重な財産である土地を確保し、必要に応じてはこれを拡大する努力のために戦争に訴えることもあった。

このように両者間に行われた戦争においても、その目的とするところが生活様式に起因していたものであったところに相異が見られる。

両民族の戦いのやり方を比較する

両民族の軍事思想は主としてその戦争のやり方を通じて窺うことができる。もっとも遊牧民相互、遊牧民対農耕民、農耕民相互の戦争があり、遊牧民と雖もその生活環境の違いによる相互間の戦争様相も異なるであろうから、判然と区別することは困難と思われる。概して遊牧民は肉食を主とする小数集団で全員が戦闘に参加しうる皆兵的制度を有した。半農半牧の集団と雖も屯田兵的であり、一朝事あるときはすべてが戦場に赴きうる社会制度をとっていたものが多い。

使用する武器も弓矢のような飛び道具や刺突用の槍等を主用した。戦争をすることが彼らの重要な生活の一部であるからには性格が尚武的とならざるを得ず、またそのようにして育まれた。生活規律が厳であると共にものごとを計画的、かつ合理的に考えて行く科学性に長じていたことも特色として挙げることができるであろう。

紀元前一〇世紀頃には騎馬による戦闘法を用いるようになったので一名騎馬民族とも言われている。彼らの戦闘隊形は概して横広の横隊で、分散疎開をとった。戦法を見ると機動力をもって敵を急襲し、包囲迂回等によって敵に殲滅的打撃を加えるのを特色としたが、彼らの生活様式から見ても領土占領の執着はなく、前述のような金品、奴隷の掠奪という戦争目的を達成しさえすれば去って行く。遊牧民によって建設された大帝国は存在したが、彼ら小数民族がいかにこれを統治したかと言えば、多くは征服された諸民族に自治を与え、自らは中央に結集してこれを監視する方法をとって血族の分散を避けたと言われる。

次に農耕民について見ると彼らは農作物を生産し、これを主食として生活を成り立たせていたので、土地を離れては何ごともできない。したがって第一に土地に関する執着心は特別強く、領土を確保するため防勢的であり、たとえ攻勢をとる場合にも耕地の拡張を目的とする小規模、限定的な戦争手段を採る。第二に耕作地は遊牧地に比べると人間がより多く集まることが生活を便利にするので部族集団の人口は増加し、密度の比較的高い大集団を形成する。

生産力は遊牧民族よりも大きいので、敢えて戦争に訴えることの必要性は比較的少なく、むしろ遊牧民の掠奪のための攻撃に対して防御的である。したがって城壁をつくってこれに備える方式をとる。また兵士と農民との分業が行われ、兵士はもっぱら戦争に専念するので軍隊は職業的性格を帯びる。武器は刀、剣のような近接戦闘に適応するものが多い。

人間が一地に定着し多数の人口が密集すれば文化が生ずる。特に生産力がその人々の生活を充分にまかない得ればますます文化は高尚となる。その反面もともと防勢的な軍事思想で、好んで戦争を仕掛ける必要を認めない彼らの戦闘技術は遊牧民に比べれば概して拙劣であり、また性格は尚武的でなく臆病である。したがって敵に対するのには密集をもってする集団的な戦法を用いざるを得なくなる。

遊牧民が放胆な機動により、包囲殲滅を行うのに比べると農耕民は密集をもって突破し、敵を撃退する方式がとられ易い。所謂奴隷時代の戦争において、奴隷の獲得は両民族共に行ったが、その目的が異なる。遊牧民は人質として、農耕民は労働力として奴隷獲得をねらったようである。

農耕民がしばしば重文軽武と言われるのは生活環境に由来する。宗教、道徳、芸術等の文化を尊重し、戦争行為を嫌った。これがために戦争手段に訴える代りに、外交、謀略等の手段によって政治目的達成の能力に長じた。また人口の増加に伴い耕地を拡大してその経済領域を拡大する必要を生じた場合には戦争行為に出るが、その規標は小さく、局地的で地道な陣取り合戦を常とした。工業化以前の西洋や、わが国の中世における戦国大名、あるいは中国古代の戦争にはこの種の戦争のやり方が見られる。

以上のように遊牧民が雄渾で派手な戦争を行って来たことと共に、フェニキヤ人やアラブの隊商に見られるように、海、陸にわたって広く貿易に従事したことから、戦争と商業との間に密接な因果関係のあったことが察せられる。

これに対して農耕民が農作物の生産に従事しつつ高度の文化を建設したことから、文化と生産との間に同様な因果関係があるのではないかと思われるのである。

しかしこの両民族はその後長い年月の間に混淆し、かつ大部分は一地に定着し、往時の原型はほとんど見られないのが現状である。つまり近代の工業社会はこの両民族の生活様式や性格を止揚してしまった。それでも積極果敢なバイヤー的気質と地道に生産に従事するメーカー的気質が近代社会の構成要素となっていることは興味深い。

このようにして見ると、古い時代の両民族の遺産は軍事的特色から見ても変質しながらもその原型を近代社会に持ち込んでいると見てもあながち穿ち過ぎではないのではなかろうか。

軍事思想史研究上の原点

近代科学を勃興させ、これによって地理上の大発見、植民地の掠奪、産業革命による生産能力の飛躍的拡大、資本主義経済の発展、優越せる武器をもってする凄惨な戦争を展開して、近代以降世界の覇者たるの地位を獲得したヨーロッパ人の先祖は、原アーリヤ民族の一支族であるゲルマン民族である。

彼らはこの地方に定着してからも、やせた西欧の土壌に生活し、先祖の遺産たる牧畜と、農耕民の行った麦作によって生計を立てたが、穀物の生産性の低さのための自給自足に苦しみ、絶えず他民族の食糧を奪うことに死活の道を求めざるを得なかったために、遊牧民族的な戦争方式は根絶しなかった。

これに反して揚子江流域の豊穣な穀倉地帯を獲得した漢民族は、先祖の農耕技術を生かしつつ農耕民族として数千年の歴史を続けて来た。したがってそこには近代科学の目覚ましい開発の必要にも迫られず、自ら進んで戦争に訴えなければ生存し得ないこともないので極力これを避け、政治、外交、謀略等を駆使することによって外敵の侵攻を退け、また自らの領土の拡大を図って来た。

このように見れば両民族の有する軍事的な原型は、葬り去られることなく、工業化された現代の中において原点として生き続けているようにさえ思われる。また、工業社会の特色の一つは生産力の著しい増大とこれを成立させている過密人口都市であり、この社会がもたらした用兵思想の特色には兵数主義と技術主義がある。これが遊牧社会における騎馬と機動主義および農耕社会における土地と地形主義をそれぞれ原点とする弁証法的な発展の処産であると見ることができないものだろうか。第一章以下を読むにあたって注意して考えてほしい問題である。

四、海洋国家と大陸国家の軍事的特色

近代西洋軍事思想の基本的対立要素

戦争規模の著しい拡大に伴って西洋においては海洋国家と大陸国家との対立関係において戦争のやり方、軍事思想の相異が論ぜられるようになったのは主として近代以降のことである。

海洋に面し、主として海上貿易や海上作戦によって国益を得ていた海洋国家は古代においても、ギリシャ、ローマ、カルタゴ等に見るように繁栄していたのであるが、海洋を持たない大陸国家との間の戦争として見るべきものがなかった。

しかし近代を迎えて地理上の発見があり、これによって海洋国家の多くは海外に進出し巨万の富を得て国富を増大する機会を得るようになると、大陸国家も遅れて海外進出を企図するようになり、ここに海洋、大陸両国家間の対立が生ずるようになって戦争が起こる。

しかし大陸国家の地理的な条件は陸地続きの相隣接した国家間の戦争に勝たねばならないのに比べ

て海洋国家は海洋と言う天然の城壁を持っているので大陸国家と敢て戦火を交えることの必要性が少ない。

つまり海洋国家は植民地主義政策と海軍重視の軍事思想を持つのに対して大陸国家は軍国主義政策と陸軍重視になり易い。

近代に入ってその最も代表的な国家は海洋国家のイギリスと大陸国家のドイツと言われるのはそれぞれがこのような地理的条件下にあったからである。

古代においては陸上における生活環境、生活様式を異にする遊牧民族と農耕民族との対立における戦争様式の違いが軍事思想形成の原点であったが、中世を経て近代になると両民族は混合して大部分が土着し、判然と区別することができなくなると共に工業化社会に移行すると、もはやこの観点から近代の戦争様式を比較することは意味が薄くなる。それに代って登場して来た問題が海洋国家と大陸国家の軍事思想の対比である。

以下それぞれの国家の民族的性格と政治ならびに軍事思想の特性についてその概要を述べることにする。

海洋国家の民族性と軍事的特性

海洋国家の国民性は開放的で自由である。海洋と言う天然の防壁をめぐらしているので、大陸からの侵略のおそれは少なく、逆に海外に進し出て通商貿易等によって国富を富ますことに便利であるので勢い船舶や海軍力を増強して経済発展を行って来た。艦船の性能が発達するに伴い遠洋航海が盛んになり、未開の植民地を次々と手中に収めて尨大な富を得た国々は、一五、六世紀以降のポルトガル、スペイン、オランダ、イギリス、フランス、アメリカ等に見るとおりである。軍事的には志願制、傭兵制が多く、武装は海軍および海兵隊を主とする。その反面陸軍力は概して劣るが、陸海両軍備を強大にすることは財力的に無理であるので、勢い海軍力に傾かざるを得ない。

海軍力は概して威嚇等に使われ、努めて決戦をさけた方が賢明であるとされた。海洋国家が大陸国と戦争する場合は、極力大陸国家相互間に陸戦を惹起させて疲れさせ、自らは経済的支援によって、漁夫の利を得るような政治謀略的な戦争戦略を用い、武力戦によってことを決するような方策に出ることを回避する傾向が強かったと言われている。

最も海洋国家を代表する国には植民地主義をモットーとしたイギリスがある。その軍事思想や政治の在り方から我々は海洋国家の特質を窺うことができる。

大陸国家の民族性と軍事的特性

大陸国家は他国と国境を接しているだけに、概して閉鎖的で、独裁的傾向を持つ。これは敵の侵攻に対しては直ちに武器をもって対決せざるを得ないからである。侵略する場合においても結束した武力を駆使して決戦を強要することが必要となるので、陸軍力を強大にしてその武力を主用して戦争に臨まざるを得ない。したがって大兵力を動員しうる体制を整えておかなければならないので徴兵制をとる国が多い。ルネッサンス以降の代表的な国々にはオーストリー、ドイツ、ロシア、フランス等に見られるように軍国主義的で陸軍力の強化を図った。とりわけドイツ、ロシアはその典型と見られている。

軍事的に見て旧陸軍の伝統をある程度継承してきた我々の頭の中には無意識的に大陸国家的な軍事思想が、多かれ少なかれ支配的であるような錯覚に陥っていた嫌いがないでもない。こと程左様に陸戦についてはそれが遊牧、農耕いずれの民族性のものであるかに拘らず西欧の大陸諸国の思想に依存して来た。しかしそれは軍事思想全般から見れば、その一側面を覗いていたのに過ぎないものであったのである。

以上述べて来た二種類の国家概念は軍事思想のみならず広く戦争や政治、社会、心理等を比較する場合に念頭に置いて考える尺度たりうるものであるが、それは特に近代以降の戦域規模の拡大した時代において重要性をもって来ている。ただし一概にどの国が大陸国家で、どの国が海洋国家であるときめつけ難いことを留意しておく必要がある。つまり自然地理的要素に人文的要素が加わっているので、時に応じ、諸々の国際社会的諸条件に応じて取り扱い方が変わるからである。例えば、米、仏のように大陸性と海洋性を二つながら持っている国家や大陸に接近している英国やわが国の場合ですら、その政治の指向方向によって変化することは過去の歴史の中に見出されるとおりである。

五、本書のねらいと各章のあらまし

本書のねらい

本書は冒頭のまえがきに述べておいたように近代西洋五〇〇年にわたる軍事思想の変遷を主とし、併せて隣国中国の二千数百年のそれの概要を紹介して若干の考察を行うものである。したがって全人類の歴史を軍事思想史として捉えたものではない。これは紙数の関係上致し方がないのであるが、本書のねらいとしては前記の範囲内において軍事思想を主として軍隊・兵役制度、兵器および用兵思想の三要素の総合として、かつそれぞれの要素が相互にいかなる因果関係を持って各時代の軍事思想を特色づけていたか、またそのような軍事思想はいかなる歴史的背景のもとに成立し得たものであるかを知ると共に、軍事思想の歴史的変遷の過程においてはいかなる法則性のようなものが存在していたか、それともそのようなものはあり得ないか等について考察しようとするものである。

これだけの範囲においてこのようなねらいを定めることは、きわめて大それた暴挙であるとのそしりは免れないところである。したがって筆者としては極力世界史的な観点に立つことに努め、その欠陥を少しでも補って行こうとするものである。

以下各章のあらましを紹介して本序章のまとめとしたい。

序章のあらまし

序章は既述して来たとおりであるが、これを纏めると、全体的には次の第一、第二の各章への導入を準備する一種の総論であって次の三点に要約した。

その第一点は、軍事思想史なるものの兵学上の地位・役割についての本書の立場を紹介したものである。

第二点は、世界史的に見て東・西相互の歴史的交流から見た戦いと、共通的な国家体制と戦争形態の変遷を、第三点は、地理的条件により異なる生活環境に生息する諸民族、諸国家の軍事的特色についてである。

つまり本書のねらいに臨む筆者の基本的態度であると言ってもよい。

第一章のあらまし

近代西洋を軍事思想史的に七つの期に区分し、まず各時代の歴史的概況、軍事思想の諸要素および主要な兵学理論を紹介してその特色を述べることに力点を置き、次いで時代の変遷を通じて各時代の軍事思想を形成していた諸要素が、いかなる組合せをいかに変えつつ推移していったかについてその系譜を辿って考察しようとするものである。

この場合には視点を特に用兵思想において、現代および未来に対する思索の材料を提供することに留意している。

付加的に西洋とわが国との兵学上の出合いについて触れておいた。

第二章のあらまし

記述のやり方については第一章に類似した態度を採ったが、中国の歴史的特色と軍事関係の資料不足（筆者の研究不足を含む）から次の諸点において第一章と記述を異にせざるを得ないものがあったことである。

第一点は二千数百年を通じて軍事史の一般的特色と思われるものを概観したこと。

第二点は兵学理論として古代の『孫子』、現代の「毛沢東」のみを挙げて両者の歴史的、思想的比較に供したこと。

第三点は西洋軍事思想との関係と比較を試みたこと等である。

東洋の軍事思想として総轄しなかったのは、異質な数個の文化圏の思想を一つに纒め難いためであり、中国のみに限定したのは史料的に調査の容易さと、隣接するわが国との関係が深いことによる。また近代に限定しなかったのは、中国の歴史的特質により、西洋と異なり時間的に長い尺度をもって観なければ中国の軍事思想を考察する意味が認められないと思われたからである。

主用参考書

『兵学入門』　西浦　進　田中書店（昭四二）
『現代兵学体系論』　浅野祐吾　陸幹校修親会（昭四四）
『アジアの歴史』　松田寿男　ＮＨＫ市民大学講座（昭四六）
『東洋の発見』　岩村　忍　講談社（昭五一）
『戦争類型史論』　酒井鎬次　改造社（昭一九）
『戦争史』　伊藤政之助　戦争史刊行会（昭一一）
『戦争史論』　岩畔豪雄　恒星社　厚生閣（昭四二）
『狩猟と遊牧の世界』　梅棹忠夫　講談社（昭五一）
『大陸国家と海洋国家の戦略』　佐藤徳太郎　原書房（昭四八）

第一章　近代西洋軍事思想の変遷

一、近代とその軍事史的時代区分

序章の最後に述べておいたように、本章で取り扱う西洋の近代とは一六世紀頃の所謂ルネッサンス以降現代に到る約五〇〇年を対象とする。

「近代はヨーロッパの世紀」と言われるように、ヨーロッパが華々しく登場して世界史の中に支配的な地位を獲得した時代である。

それ以前の中世とはギリシャ・ローマの栄えた古代の地中海中心の文化の衰退と共にはじまった約一〇〇〇年間を言うのであるが、この時代はフン族をはじめとしてアラビヤ族、トルコ族、モンゴル族等各種のアジア人の侵略を受けて北方から大移動したゲルマン民族を中核としたヨーロッパ人がこの外敵の圧迫下において、やせた土地を耕しながら独自の文化を創り出しつつあった時代である。

かつてはこの時代を中世の暗黒時代とも称せられていたこともあったが、それは外敵の侵略を受けていた一側面を物語るものであるが、今日ではむしろ輝かしい近代文化を迎える準備期であったとしてふくよかな歴史文化を憧憬する面が強調されて来ている。したがって中世の末期から近代の初期にかけて西洋は著しい変革期を迎えたと言うことができる。概してこの時期は農業時代から工業時代への漸進的変化の過渡期であり、近代的要素が育まれていたのである。

一般に西洋に近代をもたらした主要な原因として個の自覚、宗教戦争および近代科学の勃興の三点が挙げられている。この三点は相互に密接な因果関係をもつものであるが、それぞれの持つ意味について簡単に説明する。

アジア人の侵入によって東西間に通商貿易が盛んになり、これを通じて文化の交流をもたらした。その衝にあたったイタリアや北ドイツ地方では商業の盛況と共に古代の文化に接する機会を持った。これによって個の自覚を呼び起こし、ギリシャ・ローマ時代の文芸を復興させる運動となり、次いで民族意識の昂揚となり、この間に近代民主主義思想が成長してついに一八世紀末の市民革命へと発展して行くのである。

次に中世のヨーロッパ人の心の支えとなったものはキリスト教の普及であり、その教義の発展であった。それが国家意識の発達と並んで政治と宗教の対立や宗教上の教義の葛藤等となり、近代の初頭に入ってすさまじい宗教戦争にまで発展するのであるが、三〇年戦争（一六一八〜一六四八）において極点に達し、政教の分離、新・旧両教義を奉ずるそれぞれの国家の分離をもたらした。この間に培われた市民の宗教的情熱は、前述の個の自覚と相俟て市民革命のための強大な民衆エネルギーの先駆ともなったのである。

近代科学は西洋人の創り出した独特の文化の一つとして世界史的な意義を有する。これはアラビヤ人によってもたらされたサラセン文化の技術とギリシャの哲学的思索との弁証法的発展の処産とも言うべきものであるが、俗に言う「必要は発明の母」の諺の如く、ヨーロッパにはこれを可能にする条件があってこそ近代科学を産み出すことができた。つまり中世末期を襲ったペストの流行による多数の死者、気候の寒冷化現象による農作物の不作、戦乱による生活の困窮等の諸原因が、これらを克服すべき生活の知恵を産み出させたのである。これこそ近代科学の誕生にほかならない。これによってヨーロッパの危機は克服されたばかりでなく、飛躍的な発展を遂げる動機となった。

火薬、羅針盤および活版術の発明は近代の三大発明と言われる。これらは八世紀頃にアラビヤ人がアジアからもたらしたものであると言われるので、ヨーロッパ人独自の発明と言うことはできないかも知れないが、これを飛躍的に開発、拡充した功績はヨーロッパ人の近代科学の力に待たねばならなかったのである。

申すまでもなく火薬は強力な破壊武器の製造によって戦争手段に革命的変化を与え、羅針盤は地理上の大発見によって遠洋を渡航しうる船舶の建造と共に海外発展、植民地の獲得をもたらし、活版術は学問の発達、マスコミニケーション時代への移行に寄与した。

これらがやがてヨーロッパの産業革命の基礎となり、資本主義的経済の発展をもたらしてヨーロッパが世界に先がけて雄飛した原因の一つとなったのである。

このようにして開幕した近代は同時に連続する激しい戦争の世紀でもあった。

以下近代を迎えてから約五〇〇年間の戦争を通じてヨーロッパの軍事思想の変遷を辿ることにするが、大別して次の各期に区分して考察を進めて行きたい。

第一期　宗教戦争時代
第二期　絶対王朝時代
第三期　フランス革命およびナポレオン戦争時代
第四期　国民戦争時代
第五期　帝国主義時代前期
第六期　同　　右　　後期
第七期　第二次世界大戦以降

総じて近代は以上のように科学技術の絶えざる発達とこれに伴う人間意識の革命的変革の連続が、それ以前の歴史とは比較にならない急速なテンポで変化して行った。この間に盛んに行われた戦争の

第一表　近代西洋の戦争史関係年表

世紀	期別	西洋	東アジア	日本
13	中世	モンゴル軍ロシア侵入(一二三七) 第七次十字軍(一二七〇) オスマントルコ帝国成立(一二九九～一九二三)		源氏の滅亡(一二一九) 蒙古襲来(一二七四～)
14	中世	黒死病(一三四八～五〇)	明の建国(一三六八)	倭寇(一三六八) 南北朝統一(一三九二)
15	中世	フスの反乱(一四〇九) 英・仏百年戦争終る(一三三九～一四五三)	鄭和の南海遠征(一四〇五～)	
15	1　宗教戦争	東ローマ帝国滅亡(一四五三) バラ戦争(一四五五～一四八五) ロシア帝国建設(一四八〇) コロンブス、アメリカ大陸の発見(一四九二) フランスのイタリア侵入(一四九四)		応仁の乱(一四六七～一四七七)
16	1　宗教戦争	マルチンルーテル宗教改革(一五一七) ドイツの大農民戦争(一五二四～二五) カルヴィン宗教改革(一五四三) ユグノー戦争(一五六二～一五九八) 英、スペイン無敵艦隊を撃滅(一五八九)	ポルトガル、マカオ植民(一五五七)	ポルトガル船種ケ島に(一五四三) 文禄、慶長の役(一五九二～)
	1　宗教戦争	イギリス東印度会社設立(一六〇〇～) 三〇年戦争(一六一八～一六四八)	サルフの戦(一六一九) 清の建国(一六三六)	関ケ原の役(一六〇〇) 島原の乱(一六三七)

世紀	期	区分	欧米	アジア	日本
17			清教徒革命（一六四二～一六五二）		
17／18	2	絶対王朝	クロンウェルの独裁（一六五三） ルイ十四世の親政（一六六一） 名誉革命（一六八八） 大ブリテン王国の成立（一七〇七） 七年戦争（一七五六～六三） イギリス産業革命始まる（一七四六） アメリカ独立戦争（一七七五～八三）	鄭成功台湾占領（一六六一） ネルチンスク条約（一六八五） キャフタ条約（一七二七） ビルマ遠征（一七六六）	綱吉時代（一六七六～一七〇八） 本居宣長古事記伝を著す（一七七八）
18	3	ナ戦争	フランス市民革命（一七八九） ナポレオン戦争（一七九六～一八一五） ヨーロッパ解放戦争（一八一三～一五）		林子平の海国兵談（一七九三） 露使レザノフ長崎に来る（一八〇四）
19	4	国民戦争	神聖同盟の成立（一八一五） モンロー主義の宣言（一八二三） 共産党宣言（一八四八） クリミア戦争（一八五三～五六） イタリア独立戦争（一八六一） 南北（一八六〇～六五）普仏（一八七〇～七一）戦争	アヘン戦争（一八四〇） セポイの反乱（一八五七）	ペリー来航（一八五三） 明治維新（一八五七）
19／20	5	帝Ⅰ	露土戦争（一八七七～七八） ボーア戦争（一八九九～一九〇二） 第一次世界大戦（一九一四～四五）	イリ条約（一八八一） 辛亥革命（一九一一）	日清戦争（一八九四～九五） 日露戦争（一九〇四～〇五） シベリア出兵（一九一八）
20	6	帝Ⅱ	第二次世界大戦（一九三九～四五）		
20	7	現代			

様相も刻々と変化したので軍事思想の変遷についても最小限前記のような時代区分に大別しながら、さらに細分して検討を要せざるを得ない。ここに短期間の近代ながらその特色に驚異を覚えるのである。

第一表「近代西洋の戦争史関係年表」を参照しつつ次に進んで行きたい。

二、宗教戦争時代（第一期）

第一期の歴史的概観

この時代は一五世紀の半ば東ローマ帝国の滅亡（一四五三）から一七世紀の中期三〇年戦争の終結に到る約二〇〇年間を対象とする俗に「ルネッサンス」と言われる時代である。中世の末期頃から次第に民族意識が昂揚した近代国家形成の気運が台頭すると共に地理上の発見により海外貿易は盛んになって経済的大発展を迎えるようになったことは前に述べたとおりである。

これを裏づけるものとして英仏間に行われた百年戦争（一三三九〜一四五三）は国家意識の芽生えを、またスペイン、ポルトガル等の海外進出はイタリアや北ドイツのハンザ同盟等と共に経済的繁栄を物語るものである。

もう一つ近代化の役割を担ったものに一六世紀に起ったマルチン・ルーテルやカルビン等による宗教改革がある。これによって中世のキリスト教は新・旧両派に分かれて対立し、宗教的抗争の種をまいたが、このことが国家の主権と独立を確立するための戦争に利用され主権の拡大をもたらすのである。かくて英、仏をはじめとしてイスパニヤ、ポルトガル、オランダ、スウェーデン、デンマーク等の王国が中世の殻を破って近代国家形成に向って驀進し、ロシア帝国誕生の基礎ともなった。余談ながらわが国の近世の開幕と言われる江戸時代の創設は西洋のそれに遅れること約一五〇年であるが、経済の発展、民心の盛り上り、めざましい文化の形成等については奇しくも共通するものがある。

この時代にはまだ中世的、封建的な名残りを多くとどめており、これが近代の民主的共和国に成長するまでにはさらに一五〇年間にわたる次期の絶対王朝時代を経由せざるを得なかった。

軍事的概況

中世の王国における軍隊は国王に臣従する貴族との間に結ばれた小規模の封建制軍隊であったが、経済の発達に伴い王国はその領土拡大の必要に迫られ、戦争によってその目的を達成しようとした。これがためには従来の軍隊をもってしては戦争規模の拡大に応じ得ず、ここに傭兵隊をもって補強することを得策とするようになった。傭兵隊とは傭兵隊長に率いられた職業的武力集団であり、国王は必要に応じてその隊長と契約を結んで戦争を請負わせたのである。それは貨幣をもって支払われた。兵士（Soldier）の名称が貨幣（Soldo）と同類の語であることがこの辺の事情を物語っている。このような変化は小規模な騎兵戦闘から比較的大規模兵力をもってする歩兵戦闘への転移を促した。そして戦争の必要性からも、経済性からも傭兵隊の方が、騎兵を主体とする封建軍隊よりも当時の時代に適合していたので、傭兵隊は著しくその利用度を増大するようになった。しかし傭兵隊にとって見れば、戦争に参加することは、彼らの生活手段であり、戦争技術こそが国王と取り引きすることのできる商品であった。したがって自らを危険にさらしたり、敵を殺すことは彼らの本意でないので戦闘意識に乏しいことは当然であり、敵兵はこれを捕虜にしてその身の代金をせしめることの方がはるかに有利であると考えていた。

チャールズ・オーマン卿（一九世紀の英国の戦史家）はこの時代の軍人について次のように語っている。

「戦争指導を著名な傭兵隊長に委ねた結果、戦争はしばしば単なる戦術演習の如く、あるいはチェス・ゲームの如くに遂行されるようになった。そして当然ながらそこにおける目的は一連の犠牲の多い戦闘によって敵に出血させることよりもむしろ敵を動きのとれない状況に追い込み、しかるのち敵を捕虜にすることであった。傭兵隊長は不正なボクサーのように、時にはそのゲームを引き分けにすることをあらかじめ決めていたと疑われることさえあった。戦闘が行われてもそれはしばしば無血の小ぜり合いであった。マキアベリ（後述）は戦死者がわずか二、三人であったのに捕虜が数百人にも達した戦闘例を指摘している」と。

このような軍隊の実態が存する限り、国王としては戦争の成否をこの傭兵隊の戦闘活動のみに賭けるわけにはゆかない。しかし傭兵隊の人数は国王の財力を象徴するものであったので、徒らに兵力を損耗することを避け、主として軍隊をもって外交、謀略の手段として敵国に対し示威や威嚇を行うことに使用するのを本旨とした。

この時代の国王の戦争政策の中心となったのは経済政策であった。高い関税障壁を設けて国富の増大を図ろうとする重商政策は国王の最も意図するところであり、武力戦争を行うような意志はなかったのである。ところが一五世紀末から一六世紀のはじめにかけてイタリアの諸王国はフランスの侵入を受けて決定的な軍事的敗北を喫したことがあった。これがマキアベリをして前記の如く慨嘆させた所以であり、次の項に見るように彼をして将来の戦争および軍隊の在り方に対して先見的予言をなさしめたのである。外人部隊を主力としていた傭兵隊はいつまでもこのような状態でありつづけたわけではなく、時代と共に精強度を高め、三〇年戦争以降から次の第二期における戦争においては多くの勇敢な傭兵隊長を出すに到った。

傭兵隊誕生の主要な動機が火器の出現に依るものとは言え、兵器の威力が戦場を支配するまでに到らなかったことが、この時代の戦争を緩慢の域に止まらせていた。

さらにつけ加えて置くことは中世的名残りとしての道義観を見逃すわけにはゆかない。利害と打算に徹し、冷厳であるべき戦争において戦理と道徳とは未分化の状態におかれていたので、戦争行為にその不徹底さがあったことは無理からぬことであると思われる。

本期の末期に全ヨーロッパを巻き込んだ三〇年戦争の意義は誠に大きい。これは近代戦争軍事史上から見てその原点たるべきもので、ドイツ（神聖ローマ帝国）を中心に行われた宗教的、政治的諸戦争の総称である。極めて複雑広汎多岐にわたる長期間の戦争の中の一部分であるが、一五二〇年代の宗教改革によって点火されたもろもろの宗教戦争の最後にして最大のものとしてもっぱらドイツの国土で戦われた血なまぐさい連続的なヨーロッパ戦争（英・露を除く）である。

この戦争に投ぜられた宗教イデオロギー的情熱が一五〇年後のフランス革命の激しさの中で変質して燃え上るのである。

主要な軍事理論の紹介

(1)　マキアベリ

ニコロ・マキアベリ（Niccolò Machiavelli　一四六九〜一五二七）はイタリアの一王国フィレンツェの宰相として抜群の政治力を振ったが、政治、軍事に対する卓見はその著『君主論』『政略論』および『戦術論』の三部作に見るように、将来に対する洞察においてすぐれたものがある。

マキアベリ

当時のイタリア地方はフィレンツェをはじめナポリ、ベニス、ローマ等の五大王国によって分立し、それぞれが政治的な均衡を保持しつつ存続していた。一五世紀の末期にフランスのシャルル八世の率いる軍の侵略を受けてじゅうりんされ、軍事的にみじめな敗北を喫するのである。

当時のフィレンツェの軍隊は騎兵を主とする封建軍隊を骨幹とし、これに歩兵をもって編成された傭兵隊が加えられていた。封建軍隊は忠誠心はあるが、戦闘法は個人戦闘を主としていた。また傭兵隊はスイス人等外人によって編成された職業的軍隊であり、金銭契約によって国王が雇傭したものであるので勇敢さ、忠誠さに乏しく、封建軍隊とは全く対照的であった。加えて傭兵隊に集ってくる兵士の多くは、所謂町のならずもののの類が多かったので指揮統率は決して容易ではなかった。

次に兵器類についてはすでに火薬の発達が見られ、銃・砲類の製造があったが、精度はまだ極めて低く、これらが用兵に重要な影響を及ぼす程度には到っていなかった。

このような軍事的背景下において書いた彼の『戦術論』の中に現われた主なる思想には次に紹介するようなものがある。

その第一は自国の民兵をもってする徴兵制の提唱である。忠誠心のない外人やならず者によって構成される傭兵隊に自国の防衛を委ねることを排して、民族意識に燃えた国民の積極的意志による民兵をもって徴兵制軍隊をつくらなければ国防を全うすることはできないとの意見である。

第二は軍の主兵たるべきものを歩兵にすることである。騎馬を主用する封建軍隊が小規模でかつ個人戦闘を本旨としていたので、大規模の敵の侵略を受けて集団戦闘を行うには不向きであった。さりとて高価な騎馬を求めるには多大の財力を要するばかりでなく、火器の発達に伴って個人戦闘の効果は期待できなくなったからである。

第三は速戦即決主義の決戦的戦闘の採用である。武力をもって単に外交謀略の手段としての示唆や威嚇のみに使用しようとしても戦争の目的は達し難い。このような持久戦略を捨てて敵に決戦を求めて早期に戦争目的を達成しようとするものである。

以上のような思想は当時の一般的軍事思想にはなかったことであるが、マキアベリをしてこのような発想をおこさせた直接の動機はフランス軍に対する武力的敗北であり、このことによって時代の転換をいち早く洞察して将来に対処すべきであると彼は思ったわけである。時代の転換をもたらした要素とは民族意識の昂揚、兵器の発達とこれに伴う武力戦の戦争政策に占める地位の変化にほかならない。

彼のこの思想は対仏戦争に敗れて宰相の地位を追われ、失意の境遇にあって考え出したもの言われる。

しかし重商政策をもって戦争政策の中心とせざるを得なかった当時の社会的諸条件のもとにおいては、彼の思想を実現させるほどに環境が熟していなかったため、この思想が現実に適用されるにはさらに二五〇年の歳月を要し、この間持久戦略の時代が継続されるのである。

近代軍事思想を代表するナポレオン時代の思想が、すでに一六世紀の半ば頃に芽生えていたことは、彼がその先駆者であったと言っても決して過言ではなかろう。

もちろんだからと言って彼がすべてにおいて未来を正確に洞察していたというわけではない。彼はフランス軍の砲兵力によって大打撃を受けたにも拘らず、軍事技術の将来について高い評価はしていなかった。その点では兵役制度、軍の編成および戦争指導においてのみ卓見であったと見ることができよう。

「マキアベリズム」とは権謀術数主義を意味するものと言われているが、それは宰相時代の彼の外交の一側面から出ている。しかしそれはこの時代の為政者に共通したもので必ずしもマキアベリのみの独占物であったとは言えない。むしろ我々が高く評価して止まないものは、このような時代において近代の推移を洞察して軍のあり方、戦争のやり方について卓見を持っていたことである。

(2) グスタフ・アドルフと三兵戦術

グスタフ・アドルフ（Gustav Adolf 一五九四〜一六三二）は三〇年戦争の立役者として活躍したスウェーデン王で近代的戦術形式の端をひらいた。彼は歩兵に対しては重い火縄銃の代わりに軽い燧発銃を採用し、銃兵の割合をも全体の三分の二に増加させた。

さらに各部隊には新しく兵站部を付属させて給食の便を図った。また軽い連隊野砲を採用し、これに葡萄弾、散弾、弾薬筒、樫製の砲車等を配給させた。

グスタフ・アドルフ

砲を重砲と野砲に区分し、砲列構成による大砲の集団的使用が出現して近代的な野戦砲兵戦術および歩、騎、砲三兵種の戦力を統合する三兵戦術を創始した。

三兵戦術はその後フリードリッヒ大王等によってさらに改良され、次いでナポレオンによってほぼ完成するが、この戦術は軍隊の編成の立場から見れば、従来の固定した戦闘序列に代って諸兵連合の旅団、師団、軍団などの形態に移行する基礎ともなったのである。

彼が「近代戦の創始者」と言われる所以はこのように近代的軍隊と戦術のメカニズムを創始したところにある。

軍法会議および正規軍の軍紀の体系の基礎を築いたことは後世常備軍建設に寄与するものであり、歩兵の近代的使命の開発、騎兵の近代運用への努力が、野戦砲兵の創始と相俟て近代戦術のメカニズムへの発展を見たものと言えよう。

マキアベリから約一〇〇年後、彼の軍事的業績は正にマキアベリの思想の発展と言うべく、近代化への道を進んだことが理解されよう。

三、絶対王朝時代（第二期）

第二期の歴史的概観

この時代は一七世紀前半の三〇年戦争（一六一八〜一六四八）後から一八世紀末のアメリカ独立戦争（一七七〇〜八三）に到る約一五〇年を対象とし、俗に絶対王朝時代と言われる時代である。三〇年戦争とは北方のスウェーデンとドイツとの間に生じた凄惨な宗教戦争であり、全ヨーロッパがこの戦争にまきこまれ、特にドイツ地方では人口が三分の一に減少したと言われる程の戦禍に見舞われた。このことはウエストファリヤ条約による平和到来の直後にオランダのグロチュース（一五八三〜一六四五）による「戦争と平和の法」をはじめとして各種の平和思想が台頭し、国際的秩序の新設、戦争法が提唱されたこと等によっても戦争のきびしさを想像させるものがある。しかしそれにもかかわらず一七世紀から一八世紀へと推移するにつれて強国による植民地の獲得、領土の拡張、小国の独立のための勢力拡張に伴う戦争が継続される。ヨーロッパ諸国は主権独立の原則を堅持して近代化の道を進むのであるが、その間の国家体制において共通するものは専制君主による独裁的な政治が行われたので、この時代は通常「絶対王朝時代」と言われている。この専制君主の多くは啓蒙君主と言われるように民族文化の推進を図ると共に貿易産業の助長を図って国富の増大につとめた。

フランスのルイ一四世（一六四三〜一七一五）、プロシヤのフリードリッヒ大王（一七一二〜一七八六）、ロシヤのピーター大帝（一六七二〜一七二五）、スウェーデンのカール一二世（一六九七〜一七一八）等に見られるように彼らは単に戦争によって領土の拡張を図ったばかりでなく、前述のような政治を行い近代化への道を進めたのである。

この間科学技術の発達には著しいものがあった。天文学をはじめ物理、化学、生物学、医学における発明、発見や蒸気機関、紡績機械等の発明が相次ぎ、一八世紀の半ばにはイギリスが他に先きがけて産業革命に踏み切って、全ヨーロッパに資本主義経済の時代を招来させた。

一方、哲学や社会科学の発達もめざましく、民主主義的社会思想が政治、経済、文化、国民生活等の中に浸透して行った。一七世紀の半ば清教徒革命を経験したイギリスは、同世紀の末期には名誉革命によって近代的民主国家となったが、一七七〇年にはその植民地アメリカにおいて独立戦争が勃発して一七七六年にはアメリカ国家の独立宣言がなされた。

このように産業革命と民主的市民革命がイギリスで、次いでアメリカにおいて生起したことが、ヨーロッパ大陸の諸国家および諸国民に与えた政治的、社会構造的、社会意識的な影響は著しく、やがて全ヨーロッパに画期的な体質変換をもたらすのである。

イギリスの清教徒革命と言い、アメリカの独立戦争と言い大きな反乱を伴った。それは前期末の宗教戦争に類似した決戦的様相を帯びたもので、絶対王朝時代の大半に見られる多くの領土拡張戦争には見られない凄惨なものであった。

軍事的特色とその要因

近代科学の発見とデモクラシーの勃興によって裏づけられたヨーロッパの近代化を促進させた絶対王朝時代一五〇〇年の歩みを軍隊、兵器および用兵思想の三点から要約して見よう。

(1) 軍 隊

近代国家の独立を維持するためには君主の率いる小規模の中世的封建軍隊のみをもってしては不十分であり、次第に傭兵隊にとって代り、しかもこれが有事の臨時傭いから常設軍隊へと変化して行った。これには莫大な財力を要するので強大な国家にしてはじめて常置し得たのである。敢て兵舎を設置し彼らを部外と隔絶し、きびしい修道院的規律と訓練によってその精強をはかったのは、従来の傭兵隊の欠陥を是正し、政治的にも軍事的にも時代的要求に即応させる必要があったからである。このことは軍隊の近代化への一段階を進めたことになる。

しかしこの時代の常備軍隊の果した主要な役割が依然として皇帝権威の象徴として主として外交上の手段たるに止まっていたのは、その内部構成が傭兵制の軍隊であったことと、社会的諸条件が武力戦を遂行し難かったことによる。

もっともこの間に常備軍の性格が全く変化しなかったというわけではない。極めて緩徐ながら一部において徴兵制がとり入れられたり、民兵のような義勇兵が生れたりして武力戦闘を行うことも次第に多くなって行った。

アダム・スミス(一七二三〜九〇　英経済学者)はその著『国富論』第五篇において常備軍設置の必要

を強調しているが、その主たる目的は重商主義経済によって国富を増大するための政治外交上の手段としての立場であって武力戦遂行を目的としたものではない。

当時の軍隊の戦闘隊形を見ても比較的密集した横隊であったのは火力による損害がそれ程に生じなかったことの理由もあろうが、兵士の逃亡を警戒する必要上から散開隊形を採ることができなかったことによる。それほど傭兵軍隊には作戦用兵上の限界があったと見なければなるまい。

また常備軍隊は国王にとって貴重な政治的財産であり、国王の権威を象徴するものであったので、これを武力戦に主用して多くの損害を生ずることは回避させなければならなかった。

これと極めて対象的なものは本期の末期に現われた民兵である。それはアメリカの独立戦争においてその特色が顕著に見られる。デモクラシーとピューリタニズムによって精神武装されたアメリカ植民地の民兵こそは将来の国民軍隊の芽を蔵していた。既往の傭兵的職業軍隊に比べ戦闘技術は未熟であってもその勇敢さにおいてはこれを遙かに上廻り、赤い軍服で統一されたイギリスの常備軍を終始苦しめた。

このことは傭兵制の常備軍隊の構造に革命的変革をもたらす原因となったが、これについては次の第三期以降に譲ることにする。

(2) 兵器等

近代の軍事的幕開けを特色づけるものは傭兵隊の出現と共に火薬を使用する銃・砲類の登場であろう。それが騎兵中心から歩兵主体の軍隊への移行を導いたことについては第一期で触れておいた。一六世紀末には歩兵における銃兵の割合は全体の三分の一程度にまでひき上げられ、重騎兵は廃され軽快な装甲騎兵が組織された。大砲はまだこの時代には不完全であり、移動性を欠き、操縦も発射も緩慢で、命中率は低かった。一七世紀になって重い火縄銃から軽い燧発銃に、また銃兵の割合も全体の三分の二にまで増加した。砲兵も兵科として独立を見、重砲と野砲が区分され、大砲の集結使用が行われるようになったのは三〇年戦争を境に登場した三兵戦術の出現と関係が深い。銃剣の使用によって従来の矛が駆逐されるのもこの頃である。

一八世紀に到ると大砲の運動性が増大し、軽量な砲が多くなり、砲兵の他兵種に対する比重が不断に増大され、火力の優勢が重視されるようになった。これらはフリードリッヒの参戦した七年戦争の戦史によく見られるところである。この時代はまた火力によって補強された近代的築城技術の発達を見た。地形を利用し、火力によって構成される要塞築城は極めて堅固となり、攻城を困難にしたが、まもなくこれに対抗する攻城技術も発達し、陣地の攻防をめぐって技術的なシーソーゲームが展開された。

(3) 用兵思想

用兵思想と言ってもこの時代は既述のように武力戦を極力回避して外交謀略によって戦争目的を達成しようとする所謂「持久戦略」が支配していたのであるから、たとえ武力戦を行う場合においても短期間の局地的限定戦争に止まった。したがって戦争および作戦指導の立場からその主要な戦略の特色を挙げれば次の四点にしぼられる。

(1) 開戦前における戦略態勢の優越を期すること
(2) 計数的合理主義に偏した作戦の考え方
(3) 地理的要素を他の諸要素よりも重視したこと
(4) 奇襲、詭計等の間接的手段を賞用したこと

これらについて特に説明の要もないと思われるが第三期以降のそれと対比すべき顕著な特色と思われるので若干の説明を付加しておこう。

(1)はしばしば「態勢戦略」と称せられる開戦前の兵力布右を重視する思想である。これがためにまず兵力機動を行い彼我の関係において兵力配置から見られる態勢の優越を期することに力を注いだ。この行動の間に局地の占領、都市や要塞の包囲等が行われるが、これらのねらいも要は態勢の優越を期することを最終の目的とする手段の一つであったわけである。

また兵力機動そのものの中に敵国に対する示唆や威嚇的効果も期待されたのであるから、優越せる態勢を採り終った時点において戦争の勝敗に決着がついたと見ることもできるのである。

(2)の計数的合理主義とは態勢戦略を行うための作戦計画立案の基本的な考え方である。すべての軍事行動は数学的、幾何学的に合理的な計算によって机上の作戦計画を立て、これによって行動すれば足りると言うものである。これは心理的要因が介入する戦闘様相に見るような非合理面を深く考慮する必要のない態勢戦略にあってはじめて可能となるものである。

したがってこれを裏がえせば戦闘場裡に見る指揮や統率よりも開戦前の合理的な計算による戦略の方が優先すると言う思想に通ずることになる。

(3)の地理的要素の重視はこの時代の軍事思想を最も特色づけるもので俗に「地形主義兵学」と称せられていることでも想像される。

戦争の条件には彼我の軍隊の精強度（兵力、武器、士気、統率力等）と戦場と言う環境（彼我に共通する天候、気象、地形等）があるが、その中で特に地形的要素が絶対的な価値を有するものと考えられる。この考え方は古来から特に農耕民族の間に伝わって来た思想であるが、一七、一八世紀にはそれが理論的に体系化された。すべてを計算の上で戦争を決意する限り、軍隊の精強度については特に必要とされない反面、地形こそがその利用の適否によって勝敗の帰趨をきめうる客観的明白な条件となる。もっとも天候気象等は必ずしも予めはかることのできない未知の要因をもつものであるので計数主義の埒外に置かれたのではなかろうか。地形に対する絶対的価値の認識は「軍隊をどのように運用すべきかではなくて、むしろ地形をいかに利用すべきか」に置く軍事思想をつくりあげた。これは従来築城技術そのものを軍事学の主対象としていた時代から、陣地学や特殊の要塞理論をともなう地形学中心の軍事思想への移行を意味するものである。

(4)の奇襲、詭計等の間接手段の賞用とは真面目な武力戦を行って思わぬ損害を被ったり、戦闘時間を長びかせることを避けるため、この種の方法が奨励されたのである。

以上がこの時代の「持久戦略」を裏づける用兵上の特色であるが、これらを通じてその後の用兵思想とを比較する場合によく解ることは、第一に観念的、形式的な機械論であることである。机上において地図を見ながら作戦計画をつくれると言うことは、それが計数的な諸元をもって機械的に考察する形式的な観念の所産であるということにほかならない。

このようなことが許されるのは、既述のような態勢の優越を得ることによって勝敗の帰趨が決せられたからであり、何らの不確定要素の介入によって邪魔されるものがなかったからである。

第二に戦争や作戦を行うために必要とする用兵原則に対する信頼感が一種の「永久原理論」を展開させたことである。計数的要素や地形的要素に立脚した用兵の原則とは、物理的に解決されるべき性質を持つが故に、あたかも自然科学の原理の如く、時代や地域の如何に拘らずいかなるケースにも適用されるものと考えるのは当然のことである。

この辺にこの時代の用兵原則の特色があり、また限界の生ずる所以がある。

(4)　兵　站

軍需品の蓄積、補給、輸送等は本来軍隊独自の機能ではなく、政府の行政事項に属するもので、当初は政府が民間業者に請負わせたものであった。

一七、一八世紀においては国の要所々々に倉庫を設け、この地域を平素から要塞化して、敵の掠奪に備えた。

一度作戦が開始されるとこの地域が兵站の基地となって戦闘前線への補給、輸送が行われた。したがって戦闘前線もまたこの倉庫が支援しうる距離（通常三〜四日行程）を限度とせざるを得なかった。また戦場をさらに遠く進めるためには倉庫の推進のために多くの日子を要し、その間作戦を休止せざるを得なかった。まして道路網の発達が不完全な時代には輜重《しちょう》による長途の追送補給は困難であり、産業の未発達は現地徴発に著しい制限をもたらした。

最後にこの時代を評してイタリアの歴史家ガリエルモ・フェレーロが「制限戦争は一八世紀の崇高な実績の一つであった。それは貴族的かつ良質の文明の中にだけしか繁茂し得ないものであった。我がフランス革命の結果失ってしまった素晴らしいものの一つである」との言葉を紹介する。これは当時の戦争がきわめてのんびりとしたもので、はげしい憎悪心にかりたてられる残酷な一九世紀以降のものとを比較して、中世的な崇高な道義心がなお残されていたことに対する後世の人のあこがれの言葉と思われる。

主要な軍事理論の紹介

(1) サンレジェ・ボーバンの築城思想

サンレジェ・ボーバン(Vauban Sébastien Le Prestre de 仏軍人　一六三三〜一七〇七)はルイ一四世に仕えて早くから築城術を学び、一六六七年のフランドル戦争における攻囲技術を認められて将軍となる。彼は幾多の戦争に参加し攻城に成功すること五三回、要塞の新設三〇、改修一六〇に及んだ。当時一城を落せば一領を得ると言った時代であったので、ルイ一四世の版図の拡大に彼は大いに貢献した。

ボーバンは「近代築城の祖」と言われ、築城史上から見ても輝かしい功績を残したが、同時に至難と言われていた攻城法においても新法を開発した。この築城および攻城の技術的発想は後世に至るまで大きな影響を及ぼした。この機会に築城の変遷を概観すると、一五世紀頃までは西欧の永久築城は高い城壁をめぐらし、城脚の死角を消滅するため壁面から突出した側防塔を設け極めて堅固であった。火砲の進歩に伴って、城壁もまたこれに応じた対策が講ぜられ、攻城と築城とは相互に死角の利用と消滅をめぐって活発なシーソーゲームが展開された。

一六世紀のはじめイタリアにおいて稜形式の築城（函館五稜閣に見るようなもの）が考案され、これによって攻城は極めて困難な問題となった。ここにおいて地形主義兵学が台頭し、攻城のための軍事的な努力が払われるようになり、ボーバンはその先駆者として登場した。

彼は「三線攻撃陣地」を創設して従来の攻者側の弱点を補い攻城を成功に導いた。技術的なことは省略するが、攻撃陣地を三線にわたって逐次推進し、防者の出撃を困難にしつつ、広正面から敵を包囲してその戦闘組織を制圧し、攻者の行動の自由と突撃準備を容易にしたのである。

また築城面においても稜形築城の弱点を改良しつつ、縦深性ある築城を編成し、要塞各部の独立性を強化した。この発想は一八世紀末に到ってフランス軍のモンタランベル将軍により継承され、兵器と戦法の進歩に伴って戦略大要塞（セバストポリ、旅順、ベルダン等の例）の時代を迎え、次いで築城地帯方式（マジノ線、ジーグフリード線やソ連の北満における国境築城等の例）へと発展する。

攻城面においても同様に前記の諸例の中にその思想が見られる。日露戦争における旅順の東鶏冠山北堡塁に対して日本軍が第五攻撃陣地まで設け、抗道戦を行った激戦の記憶は新しい。このような築城要塞の発達の推移に拘らず、約二五〇年前のボーバンの思想は絶えずその原点にあって生きつづけたのである。

(2) モーリス・ド・サックス

サックス（Maurice de Saxe 一六九六〜一七五〇）はサクソニヤの選挙侯でフランスの元帥、フォントノアの戦いで英蘭軍を破って偉功を樹てた。

戦闘を極力避け、兵力を損しないで目的を達成しようとする戦略思想を有するが、戦闘に関してはダスタフ・アドルフ以来の三兵戦術を推進開発している。すなわち歩兵軍隊を基準として歩・騎・砲三兵種からなる戦闘団を臨時に編成し、戦力の統合発揮をはかったが、これが将来の師団が編制されるための動機となった。また戦術はもとより、人間の心理を捉えた統率、後装砲、ムスケット銃、随伴砲の発明に見るような兵器技術の開発においても見るべきものがあり、一八世紀の著名な兵学家の一人である。

彼の著書には『幻想』（一七五七）があるが、この中に見るローマ以降の用兵に関する戦史的研究および将来戦の様相に関する洞察に関しては示唆を受けるものが少なくない。

(3) フリードリッヒ大王と持久戦略

プロシヤのフリードリッヒ大王（Frederix II 一七一二〜八六）は強大な中欧の列強を相手に前後三回にわたってシレジヤ戦争を戦い、その領土を拡大したが、その戦略は持久戦争、消耗戦略の典型としてしばしばナポレオンの戦略と対比される。

傭兵による横隊戦術や倉庫給与等を背景として、なるべく決戦を回避して策略を用い、武力の誇示と政治外交との協調と駆け引きにより、敵の抗戦意志を放棄させたところから、このやり方を「位取り戦法」とも言われている。

『わが時代の歴史』『戦争の大原理』『戦争の考察および一般原理』等の著作があるが、これらの中に次の言葉が見られる。

フリードリッヒ大王

「戦勝とは敵にその位置を譲ることを余儀なくさせることである」「軍隊は国境から遠く離れたところでは戦勝を得ることが困難である」。これは持久戦争、制限局地戦、消耗戦略等の思想の一端を示すものであるが、他方、七年戦争（一七五六〜六三）には「プロシヤは短切活発に迅速な決戦を求めなければ、プロシヤの資源を涸渇させ、軍隊の誇るべき軍紀を破壊してしまう」とも述べ、機先を制して奇襲侵攻し、ロスバハ、ロイテン等の会戦に見事に勝利している。これは大王の戦略思想の逐次変化する過程を現わすもので、機動主義の長期持久の戦争によって当初勢力の増大を図りつつ、国力の増大に伴って短期決戦思想へと移行して行ったことが窺われる。しかしナポレオンのやったような完全な決戦戦略に到らなかったのは未だ時代が熟していなかったからである。

⑷　ギベール伯

ギベール（comte de guibert 一七四三〜一七九〇）は兵学家であると共に文学者、哲学者としても高名なプロシヤの将軍である。常々フリードリッヒ大王に私淑し、その戦史的教訓を学んだので思想的には大王と同系列と見られるが、彼が二九歳の時の著『戦術汎論』（一七七二）は愛国的国民軍隊建設の必要を説き、陣地の攻防戦よりも、機動を重視した運動戦を重視した諸説はナポレオンの戦術思想に大きな影響を及ぼしたと言われる。

当時としては極めて進歩的な思想と見られていたが、彼が「大軍を戦場に用いるのは指揮官としては無能であり、優秀な将軍は七万以上の兵力を動かすべきではない」とし、また「将来大戦争は起らぬであろう」との予言等から推察するのに彼の思想は総じて一八世紀の持久戦略の域を越えてはいなかったと思われる。

著書には前記のほかに『現代戦システムの防衛』がある。

(5) ロイド

ロイド（Lloyd 一七二九〜一七八三）はイギリスのウェールズで牧人の子として誕生したが、生来数学に長じ、成人後オーストリー、ロシア軍等に勤務し、歴戦の経験を有すると共に、多くの著書を現わした。

その著名なものに『七年戦争論』『戦術原則論』等があるが、その思想の一端を紹介すると、

(1) 交通線に対する攻撃の意義を高く評価すると共に、河川や戦略要点の絶対的防御の可能性を認めた。

(2) 作戦線、作戦目標の概念を明確にし、それらの設定こそ作戦計画の中心課題であるとした。

(3) 一軍の兵力は五〜六万を限界とすべきで、これより大きいときは、かえって統率を困難にする。

(4) 戦争の目的とするところは会戦ではなくて、奇襲や詭計によって敵を疲労させることにある。したがってまず地形、陣地、幕営、行軍に関する軍事学をもって自己の処置の基礎とする。この理を解するものは軍事上の企図を幾何学的な厳密さをもって着手し、敵を撃破することなく戦争目的を実行し得るとした。

ロイドは一八世紀に存在した様々の思想を一つの体系的理論として整理し、組織づけた第一人者と言われている。

(6) ビューロー

ビューロー（Büllow von Denne witz 一七五五〜一八一六）はウォーターローの戦いにおいてナポレ

オン軍を破ったブリュッヘルと兄弟であり、主としてロイドの思想系列に入る。

四二歳のときに『新戦争体系の精神』(一七九九)を著し、戦略と戦術の概念を明確化し、また作戦基地の概念として「策源」を設け、これに戦略上の一切の事項を包含させた。

それによれば、「軍の配備地点と策源の両端とを結ぶ線によってつくられる客観的角度が最も重要な意義を持ち、この角度の大小と軍隊の地位の良否とは比例するものである」とした。

また作戦地域は倉庫を基準として一定の給養半径内に限定されるべきであると主張した。

(7) その他

以上述べて来た人々の兵学理論は多少の相異こそあれ、一八世紀を支配した地形主義的用兵思想の色が濃い。この種の系列にあるその他のものについては付記すると、プロシヤのマッセンバッハ、オーストリーのユージン公およびカール大公等が見られる。

マッセンバッハはナポレオン戦争において大敗を喫したが、戦略戦術と地質学との合成物として「高等地学」を提唱し、用兵においては地理的条件が軍隊よりも優先して考慮さるべきであるとの主張を行っている。

ユージン公(一六六三~一七三九)は都市や要塞の価値を認めて、これが攻防戦を巧みに指導しており、**カール大公**(一七七一~一八四七)は内戦作戦に長じ、しばしばナポレオン軍を苦しめている。

以上主として地形主義の用兵思想の系統に属する理論と人々についての系譜を述べたが、この思想はただにこの時代のみに限られたものでなく、近代の軍事思想史を通じて長く継続されたものとして注目すべきものである。

兵要地図の作成、図上の作戦計画が一般化したことや、要地、瞰制《かんせい》、欺攻《ぎこう》等の概念が重視されたのも一八世紀のこれらの軍事思想が生み出した所産である。

四、フランス革命とナポレオン戦争時代（第三期）

第三期の歴史的概観

この時代は一八世紀末のフランス革命（一七八九）から一九世紀初頭（一八一五）のヨーロッパ解放戦争によるナポレオン軍の敗北に到る約二五年間を対象とする。期の区分としては最短期間であるが、この間に生じた変革は著しく軍事史的にも研究の価値が大きい。

フランス革命はフランス国内に生じた自由民主主義と君主専制主義の抗争による内乱であるが、その原因は経済的成長がもたらした国民生活の諸矛盾が激化し、王室政府と国民との間に政策上の妥協が得られず、ついにイデオロギー的な民衆爆発となったものであるから、その歴史的意義は誠に大きい。

この革命は直ちにヨーロッパ諸国に波及して大戦争を巻き起こした。これがナポレオン戦争と言われるものである。

別の観点からこの戦争を大局的に見ると英仏の対立抗争が根本原因であったが、この両大国の戦争がヨーロッパ諸国の介入をもたらし、実態は全ヨーロッパを戦争に巻き込んでしまったのである。この事情について簡単に説明すると、当時ヨーロッパにおいて一八世紀の半ば頃にいち早く産業革命をなしとげたイギリスは海外に多くの植民地を領有し、ヨーロッパ最大の富強を誇る先進国として繁栄を続けると共に競争相手フランスの植民地進出を妨害した。ここにおいてフランスは百年戦争以来の宿敵イギリスの打倒を意図してヨーロッパ大陸諸国と同盟しようとした。これに対してイギリスもまたフランスを押さえるために大陸諸国との同盟をはかり、大陸諸国をしてフランスを包囲させる方策に出た。

フランスの革命が成るや、イギリスは大陸諸国をいざなって干渉戦争を起こしフランスに侵入した。

革命によって国内的矛盾が一応解消したフランスは国内の経済的荒廃を回復し、農耕地の市民的解放と工業の活況をもたらしたが、諸外国の干渉戦争を知って国家意識に燃え、祖国防衛のために国民が挙ってこれに立ち向かい、見事にこれを撃退した。英仏戦争はいよいよ本格的な段階を迎え両大国は相互に相手の経済封鎖を試み、これがためにヨーロッパの諸国を味方にひき入れるための政治・外交を展開した。

ナポレオンは対英経済封鎖に失敗し、これが巻き返しのためにヨーロッパ諸国を次々に侵略してヨーロッパ大陸の征服をはかった。これも所詮は英国との対決を究極の目的としての手段であったが、革命直後の防衛戦争は侵略戦争へと変質して行った。革命によって生れ変ったフランスは熱狂的な国民軍隊とナポレオンの非凡な用兵によって各戦場において破竹の進撃を行い全ヨーロッパを震がいさせた。

近隣諸国は手痛い敗北を受けたが、これによって却って旧体制を改善してこれに対応しうるような軍隊を再建して反撃に出ることができた。この間イギリスは大陸諸国に対して巧妙な政略指導を行い、ついにフランスをして政治的孤立に到らしめて戦勝を獲得したのである。かくて長い戦乱が終り、平和が到来した。

ナポレオンの戦争指導から見た軍事的特色

ナポレオン（Nopoléon Ⅰ 一七六九〜一八二一）の行った戦争指導上の一大特色は武力を重視し、武力作戦を指導し、敵国軍隊を破砕することによって戦争目的を達成しようとする決戦戦略を採用したことにある。この戦争によってもたらされた軍事的特色として見られるものにはその実績から次の三点がまず挙げられる。

(1) 敵国野戦軍と交戦してこれを圧倒殲滅することを目的として戦術的決戦を指導したこと。

(2) これに使用する兵力は著しく増大し、その規模は従来には見られない大規模なものであった。

(3) この兵数規模の増大は戦場規模を増大させるばかりでなく長駆遠征作戦の敢行をも可能にした。

ナポレオン

このような特色はいずれも第二期には見られない画期的なものであるが、このような作戦が行われた所以は第一にナポレオンの軍事的天才によるものであることに異論をさしはさむ余地はないのであるが、天才の天才たる所以が時勢の洞察にあった点を抜きにして論ずることはできない。従って第二はその時勢とは何であるか、軍事的特色を発揮しうる時代的諸条件は何であったかを我々は承知しておく必要が生ずる。

以下ナポレオンの作戦指導を成立させた時代的諸条件について軍隊およびその制度、兵器技術、用兵思想等の諸要因に分けてその依って来たる所以を考察する。

(1)　軍隊およびその制度

身分制の撤廃、私有財産制の確認、土地改革の遂行、民主主義の確立をもって市民の権利であるとし、これを妨げていた旧政治体制を打倒した新生フランスはまず共和国にふさわしい軍隊を創設した。それは従来の職業的傭兵軍隊とは異なる国民軍的徴兵制の軍隊であり、次のような特色を持つものであった。

第一は「我らの祖国は我らの手によって守られなければならない。なぜならば国家は国王のものでなく我々国民のものであるからである」との近代民主主義の精神を反映した軍隊であり、ここに祖国愛に溢れる建軍の基本精神が確立したことである。

第二はその帰結として、兵役制度は国民皆兵を基調とする国民一般の必任義務である徴兵制度の採用を可能とし、また必要とした。これに伴って、建軍の精神に相反する職業的傭用制は廃止され名実共に「国民軍隊」となった。

第三に国民軍隊は戦闘技術的に職業的軍隊に劣るものであるが、これに代るに精神力と兵数の増員をもってすることができる。精神力とは勇敢さと積極的創意を伴う士気の高揚であり、兵数の増大に要する費用は安価な徴兵によって国家の財政負担を軽減することができた。

第四に民主主義の平等の原則は、軍の骨幹たるべき将校の地位を貴族階級の独占から解放し、能力あるものは幹部に登用される道が開かれ軍隊の団結に寄与しうる一面を持った。貴族に代って近代軍隊における指導的役割を演ずる将校団の誕生はこのときからはじまる。

第五はこれらを含めて従来のような兵士の逃亡を警戒する必要がなくなり、兵数規模の増大、戦闘組織、隊形等を改編して斬新な戦法の創造を可能にした。

兵力の増大に伴い軍団、師団等の大部隊の編成が可能になったり、横隊の密集隊形が散開、疎開隊形への移行を容易にし、所謂縦隊戦術が誕生した。

以上はフランス軍について述べたのであるが、ついでながらプロシヤの軍隊についてその特色に触れておきたい。

プロシヤはフランスに比べるとはるかに後進国で社会の発達は遅れていた。したがってフランス革命のような社会的諸矛盾による国民的な爆発は無かったばかりでなく、一八世紀に偉功を樹てたフリードリッヒ大王の政治体制に安住し、軍隊は前時代的な軍事思想に満足して時代の進運に遅れ、内部的には腐敗しかけていた。一八〇六年イエナの会戦によってナポレオン軍に大敗を喫し、国辱的な講和を結ぶに到り、一部の進歩的な軍部の指導者によって軍制改革が行われた。

したがってそれは下からの革命がもたらしたのではなくて上からの命令的変革によって成立したものである。プロイセン参謀本部の歴史はこのときから始まった。

軍制改革の主たる内容は、ユンケル貴族で固められた将校の独占の撤廃、外人傭兵制度の廃止、後備軍制度を伴う国民皆兵制の原則の採用、公正な軍司法および軍財政の確立等である。これらを比較的短期間に断行し、成功させたのはプロシヤの民族性、伝統的な国家政策によって育成された軍国主義的、国家主義的な性格と、屈辱的な敗戦による国民的な奮起等によるものである。

(2) 兵器およびその他の技術

科学技術の発達は資本主義的発展と相呼応して工業技術の発達を促がした。これに伴って軍事技術上にも見るべきものがあった。例えば彎曲銃床をとり入れた新式小銃の発明は散開戦術を一層容易にし、野砲の装架法の改良は砲の機動性を増大した。

道路、運河、港湾などの築造技術は経済的発展に寄与したが、軍事的に見れば軍隊の機動力を著しく増大させた。

経済的発展はまた国民生活全体を潤沢にしたので、前記の交通手段の発達と相俟って現地徴発や追送補給等を容易にして兵站事情を大きく変えた。倉庫給養によって拘束されていた作戦の行動範囲は兵站事情の変化によって著しく伸長したのである。

(3)　用兵思想

以上の軍事的諸条件の変化に伴って用兵上にどのような変革が生じたかはおおよそ想像がつくと思われるが、ナポレオンの行った戦争から見る軍事的特色と関連づけて若干の要因に触れる。

第一は決戦思想の成立についてである。

決戦が行われた原因にはまず「生か然らずんば死」を選ばなければならなかった決死の革命成熟への情熱と意志が挙げられる。それはとりも直さず軍隊および国民のもつ精神要素が用兵理論上不可欠な要因となったことを意味するものである。このことは従来支配的であった物理的な用兵理論に対する根本的な変革をもたらした。

大きくは持久戦略から決戦戦略への移行である。軍事力を政治、外交の一手段として単に威嚇や示威に用いられていたものから敵国軍隊の破砕と言う役割を荷うことを可能にした。また一局地、要域であった地域や要塞の攻略から平地における運動戦によって敵国野戦軍を撃滅することが、より一層戦争目的達成の効果をあらしめることを可能にした。

これによって外交謀略を優先させることを主とした持久戦略に代って、武力優先の決戦戦略をもってこの時代の戦争政策の基本とすることができたわけである。

決戦戦略を成立させるためには、戦術的にも決戦を遂行するための諸方策がとられなければならない。

運動戦における包囲・迂回、内戦作戦における各個撃破、徹底した追撃の敢行、密集的な横隊戦術から機動的な縦隊戦術への移行、諸兵種の連合作戦等が華々しく登場したことは地形的要素を絶対視する過去の機械論的用兵思想から軍隊を運用する統率面、特に精神的要素によって支配される新しい用兵思想への移行を物語るものである。これが冒頭に挙げたナポレオンの戦争指導の特色の第一点を裏づける軍事的要因である。

第二は兵数優越主義の登場である。

従来とても兵数の優越が戦勝の重要な条件であったことに変りはないが、これを可能にする客観条件が整わなかった。それは多くの財力を要すること、戦場統率における数量的な限界があったため（指揮能力と逃亡兵の監視等）であるが、革命に伴う徴兵制への転移によって兵数の増大は可能となった。

これが戦術における主要な時期と地点における兵力の集中に関する原則を生み、縦深戦力の増大は予備の概念を創って集中成果を一層確実なものにした。ナポレオン戦争時代の交戦兵力が第二期の五〜六万人程度から数十万に飛躍的に増大して大会戦が行われたことと、兵力の圧倒的集中が戦勝の主要な原因となった理由である。

第三は戦場機動の重視である。

敵国野戦軍を撃滅することを目標とする軍事作戦に必要な要素には、以上の他に軍隊の機動力がある。

機動力を発揮させるための条件には、軍隊そのものの機動性、軍隊を機動させるための交通手段および兵站の整備がある。徒歩を主体とした軍隊の機動力を発揮するためには、行軍能力の訓練と兵器の軽量化が必要であり、これによって集中速度を増大し、戦術的奇襲効果を挙げることができる。

ナポレオン軍の特色は一日の行軍能力が二五マイル（四五キロ）に達したと言われ、諸外国の驚異とされていた。

社会的には工業化に伴う交通網が整備されたことにより既述のとおり軍隊の戦略的機動力を増大した。

経済的成長に伴う徴発や交通網の整備がもたらした追送補給によって軍隊の機動性増大の条件は著しく増進し、これによってナポレオンの長駆遠征作戦の遂行が可能となったのである。

しかし脚力を主体とする戦場機動には自ら限界があり、後世の技術的な機械力の出現と比べると比較にならないものがあるが、戦術的考慮としてナポレオンの払った重要な用兵思想実現の主要な要因となったのである。

最後にこの時代に栄えた三兵戦術と兵力規模の増大に伴って誕生した師団との関係について触れておく。

三兵戦術と師団

三兵戦術とは歩、騎、砲の三兵種の戦力を統合発揮する戦術手段であり、三〇年戦争のときにグスタフ・アドルフによって創始され、その後フリードリッヒ大王等を経てナポレオンにおいて完成されたことについてはすでに述べておいたとおりである。

兵数の増大に伴い軍隊はその単位規模の大小によって軍団、師団、旅団、連・大・中隊に区分され、師団をもって戦略単位の部隊とした。師団は一方面の作戦を担当しうる能力を有する独立性が付与されたが、その独立性を維持するためには戦闘、兵站の両面においてそれにふさわしい機能を持たなければならないことは現代の編成に見る通りであるが、戦闘面においては当時の主戦力であった前記三種の異質戦力を保有し、これを統合発揮しうるものでなければならない。Division（師団）とは分岐を意味する。それは師団が戦略的独立性を持つことになり、この三兵種の部隊を包含することになったからである。

ナポレオン時代の三兵戦術とはまさに師団の戦術にほかならない。ナポレオンはその中でも砲兵火力を重視し、騎兵に対しては、はじめて捜索任務を課すと共に騎兵集団の独立的用法をも考案した。歩兵をもってまず敵にあたらせ、戦機の到来を待って騎兵および砲兵でこれに集中的な猛射を加えて強襲した。この時代にこの戦術の完成を見たのは、将校・下士官の戦術能力の向上があづかって力があったことは申すまでもない。

クラウゼウィッツと『戦争論』

(1)『戦争論』の軍事学的価値について

クラウゼウィッツ

クラウゼウィッツ（Karl Von Clausewitz）の『戦争論』（Vom Kreage）は後述するように次の第四期に紹介すべきものであるが、彼がナポレオン戦争の時代に自ら体験したことを中心にして、その後の研究によって書かれたものであるので敢えてこの時代に掲載した次第である。

端的に言ってナポレオンの思想を継承したものではなく、第二期および第三期の戦争を研究して戦争の本質を捉えようとした点においては、第三期を代表する用兵思想と見ることは必ずしも妥当ではない。

本書は科学技術の急速に発達した二〇世紀以前の戦争（俗に古典戦争時代と言われる）を対象としてその本質をいかに捉

えていたかを知るために最高の古典と言われる。それはまた古典と言われるが故に現代の戦争および戦略に対して大いなる示唆を与えているものと言うことができる。したがって多少紙面を割いて彼の戦争等に関する主要な考え方を紹介する。

第二期に芽生えた地形主義的な軍事思想によって形成された持久戦略と第三期にナポレオンによって開発された決戦戦略とは西洋の近代軍事思想の原点とも言えるものである。また本書はこの両思想を弁証法的に発展させたものと思われる兵学書の一つであり、後述のジョミニやリデル・ハート等の思想と対比されるべき重要な内容を持っているだけにその軍事学的価値は極めて大きい。

(2) クラウゼウィッツ（一七八〇〜一八三一）の人となり

プロシャの貴族出身の彼はフランス革命直後の第一回対仏同盟のもとに行われたライン戦役をはじめとして、アウエルスタットの戦い（一八〇六）仏・露戦争（一八一二〜一四）ワーテルローの戦い（一八一五）の四回の戦争に参戦し、強敵ナポレオン軍と交戦した貴重な戦争体験を持つプロシャの将校である。この時代のプロシャは他のヨーロッパ諸国に比べると著しく後進性が強く、せいぜい思弁的な哲学がようやく新時代を準備する文化的な香りをただよわせていた程度であった。彼はその影響下にあって思索的な自らの性格を鍛え、軍人としての革新的な思想を養っていた。当時はフランスをはじめとしてヨーロッパ諸国には大なり小なり新時代を迎えようとする革命的気運が醸成されつつあったが、彼はプロシャ軍にあって、先輩上司のシャルンホルストやグナウゼナウ等の感化を受けて軍事改革の情熱に燃えていた。それはフリードリッヒ大王がかつて国威を宣揚してプロシャの国際的地位を高めて以来、軍部内が既成の体制に安住し、これがために内部的腐敗の傾向が著しくなったのを彼は慨嘆・憂慮していたからである。たまたま彼に精神的大衝撃を与えたのは、一八〇六年のイエナ会戦における大敗であった。彼の著書『プロシア大敗記事』はこの敗戦の原因を追及して、それが旧態依然たるプロシヤ軍内部の腐敗堕落にありとのきびしい批判を内容としている。彼はこの戦いにおいて捕虜となり、約一年間をパリーで暮す間にフランス軍の実態に触れ、軍再建の構想をかためたと言われる。帰国後プロシヤの軍制改革のため尽力するが、ナポレオン支配下のプロシヤ軍にあるのを潔しとせず、身をロシア軍に投じ、ナポレオンのモスクワ遠征軍を迎え討った。敗退するフランス軍を追撃するにあたってはよくプロシヤ軍と連絡を保ちつつ外交使節としてのめざましい活躍を行った。その後祖国プロシヤに帰参し、ナポレオン戦争の最後を飾るワーテルローの戦いにおいてはプロシヤ軍のブリュッヘル麾下の軍団参謀長として参戦した。ナポレオン戦争が終結して平和が到来し、プロシヤは神聖同盟の中に組み入れられた。全欧的に反動体制の雰囲気の中にあって彼の如き革新的思想家は危険視され、敬遠の意味もあって士官学校長に転職させられた。

失意の人となった彼は一八一八年から三〇年に到る一二年間の長きにわたり同校校長として奉職中広く古今の戦史を研究し、それらの蓄積と自己の生々しい体験に基づいて戦争の本質に関する哲学的、科学的研究に全力を注いだ。しかし彼はその完成を見ないうちに転勤の命を受けた。

一八三〇年パリーの七月革命の影響を受けてポーランドに暴動が起きたので彼はグナウゼナウ将軍の配下にあってボーゼンに出征した。たまたまロシヤに発生したコレラ病が伝播し、彼はこれに感染して一八三一年五一歳にして陣没した。彼の遺稿の一部が翌三二年以降に未亡人および彼の弟子達によって『戦争論』として公刊された。

(3) 『戦争論』を執筆したクラウゼヴィッツの基本的態度について

この『戦争論』は彼の遺著一〇巻のうちの三巻に相当する部分でその他はナポレオン戦史およびそれ以前の戦史である。しかも彼の死後、本人以外の人の手によって発刊されたことは彼の遺書にも見られるとおり、自らを満足させるに到ってない未完の書であったことを意味する。したがって未完成であることは、彼の思索が極めて哲学的であることと相俟って頗る難解であり、ともすればその内容について誤解を生ずるおそれさえも免れない点が少なくない。

それにも拘らずこの書が不朽の名著として賞讃された所以は、彼の執筆の基本的な態度が、戦争現象に関する非凡な本質的、科学的研究にあったからである。

一八三五年に初版された『戦争論』はおそらく一八二七年頃に中断されたと思われる時点の遺著と考えられるが、その翻訳書を通じて窺われる彼の執筆の基本態度の若干について触れることにする。

(1)　戦争現象の本質をねらう。

従来の兵学書が概して戦争のやり方を主としていたのに対し、彼は戦争とはいかなる現象であるかを本質的に探究しようとするところに特色が見られる。現に彼の筆に「二年や三年で忘れ去られるようなものは書きたくない」とあるように、戦争現象についてこれを構成している諸要因との内的関連を明らかにし、最も簡単な要素に還元することを目的とした本書には普遍的な真理が見られる。

(2)　理論と経験の矛盾解消に努める。

理論と経験は理想と現実の間に多くの格差があるように本来矛盾に満ちたものである。これを解消することが、戦争現象を正しく理解するために第一に考えられなければならない重要な課題である。

これがために二つのテーゼを定立させ、一方は抽象的、観念的なもの、他方は現実的な相関性からそれぞれ戦争現象を定義して、この両者の関係を結びつけようとするドイツ的な観念哲学の方法論をとった。この内容の説明については後述する。

(3)　全体と部分との関係において戦争現象を分析する。

「部分の考察と同時に絶えず全体を顧みるというやり方は戦争理論においてほかの理論におけるよりも一層大切である」とは彼の緒言に見られるが、これは(2)と表現を異にした共通のねらいである。

つまり個から個の集合としての部分へと思考を進めながらもそれらが全体の中でいかなる位置づけをして内部的な関連性を持つものであるかを明らかにして行こうとするものである。

この場合に全体とは政治であり、部分とは戦闘を意味する。

(4)　政治と戦争の関係を明確にする。

以上の基本態度によって明らかにしようとする彼の本意は、政治と戦争との関係において戦争現象とはいかなるものであるかを原理的に明確にしようとするものである。この場合クラウゼウィッツの言う戦争の意味は今日的な表現をもってすれば軍事行動の代表的行為である「戦闘」であることを読者は認識しておかないと誤解を生ずる。

武力戦をもって戦争のすべてであるように思われていた時代（もっともこのような様相は国民戦争の時代の特色であるが）において、戦争を戦闘と政治の両面からその本質を解明することによってはじめて戦争計画の樹立が可能であるとの立場を明示したのである。

(5)　戦争準備に関する諸問題を切り離して考える。

軍事諸制度、編成装備や兵器等に関することは主として戦争のための準備に属するものであって重要な要素であることに異論はないが、これらを戦争理論の研究の中に介入させると要因が複雑になってかえって本質を見誤り易くなる。したがってこれらの要素を切り離して戦争行為そのものに焦点をあててその行動の本質をつかんで行こうとする。

つまり戦争準備に属する諸要因は時代による可変要因であるので、思索の基本態度から除外しようとしたことである。この態度にも後世批判の対象となっているものがあるが、彼の所論のねらいとはややピントの外れた批判たるを免れない。

(4)　『戦争論』の記述体系

『Vom Kreage』の和訳は明治以降、森林太郎と陸軍士官学校が共訳した『大戦学理』のほかに昭和に入って数名の人々による『戦争論』の題名の訳本があるが、約一二〇〇頁の大冊である。またこれの解説書も少なくないが、その記述体系を目次構成上から紹介すると次のとおりである。

第一編　戦争の本性について
第二編　戦争の理論について
第三編　戦略一般
第四編　戦　闘
第五編　戦闘力
第六編　防　御（防勢）
第七編　攻　撃（攻勢）（案）
第八編　戦　争（防衛）計画（案）

そのうち第六編は枚数として最も多く、全体の三分の一を占めているが、彼の論旨とするところは前項の基本態度に見るとおり戦争現象の本質的究明にあるので、第一、第二および第八編がこれに相当し、その他はこの論旨の理解を確実にするための補助的な作戦戦闘について記述されている。

彼はその遺書において未完成ながら完全と思われるのは第一編第一章のみであるとの趣旨が書かれているのでこの章を読むことによって彼のねらいをつかむことができよう。

なぜこれほどの大冊を書かなければならなかったかは、彼の執筆の動機が「当初断片的な小論からはじまり、いつしか体系化しなければ気のすまない私の性格が心ならずも大冊にまで発展させた」との彼自身の述懐から窺われる。

しかし本来哲学的思索になり勝ちの彼が、既往の用語の概念についてもなおざりにせず、一つ一つを厳密に分析しなければ納得しないとする態度の積み上げであったこともその大きな理由の一つであったように思われる。例えば「勇敢とは」「堅忍とは」のような用語の分析にも厳密な検討がなされているように、あるいは同じことを別の観点からくどくどと表現している点から意外に紙数を増大させた嫌いが見られる。

この八編をいかなる思考の過程によって体系化に導いたか、またどこに問題点があったかを知るすべはないが、彼の寿命がもう少し長く続いていたら、さらに簡潔にまとめられていたのではなかろうかと思われる。

(5)『戦争論』に見る主要な思想

ロイドが一七、一八世紀の地形主義の用兵思想について統一的なまとめを行ったのに対し、クラウゼウィッツは自らが生きて学んだナポレオンの用兵思想と地形主義思想の両思想を統一した。時代背景を異にして生れた二種類の思想を統一することは一見不可能なことと思われるが、これを成立させることによって戦争および用兵に関する普遍的な原理に到達した本書の兵学的な価値は極めて高いものと思われる。

このことは原理なるものが時代と共に変化するという要素と、時代の変化に拘らず不変の要素が軍事思想の中に存在しているということを明らかにしたものであるとも見ることができる。

以下述べるところは彼の執筆の基本態度に基づいて戦争および戦闘の本質をどのように観察し、かついかにこれを用兵面に反映させようとしたかについて重要と思われるものの考え方の若干を紹介しようとするものである。

(1) 戦争の定義について（第一編関係）

「戦争は一種の暴力行為であり、その旨とするところは相手にわが方の意志を強要するにある」とは

『戦争論』の第一編第一章に掲げた戦争の定義である。

彼がこの定義を掲げるに到るには次に述べるような分析が行われており、この分析こそが彼の戦争哲学の根本として本書を不朽の名著たらしめている所以であるので、その骨子を紹介する。さきに述べておいたように、彼は戦争現象を部分と全体の二つの立場から相矛盾する二つの問題を定立させている。

その一つは部分としての立場、すなわち戦闘現象から「戦争が暴力の無限界性を有すること」をテーゼとして挙げている。つまり戦争の本性は暴力が無限界に行使される場であるということで、力と意志の交互作用が戦闘行動に連続性を付与し、相手をたたきのめすまでは止まるところを知らないものであるとする抽象的観念的な概念である。

また他方、全体としての立場から見る戦争現象は「他の手段を伴う政治の延長である」ことをアンチテーゼとして挙げている。これは戦闘行動の本性とは別に個人や社会の利害関係から現実的に捉えて行くと、戦争とは政治そのものにほかならないとの見解である。

以上の二つの見解は立場を異にするので一見矛盾するかの如くに見られるが、それぞれの見解の分析を進めて行った結果、この両者の間には不可欠な関係が生じ、そのいずれをも二者択一すべきものでなく、二律背反の関係において統一されるべきものであるとしたのである。

この説明はまことに高度な哲学的思索の所産であり、その分析の過程を理解するのには難解であるが故にしばしば誤解を生じている。

例えば後世の読者には第一のテーゼこそ彼の戦争観（俗にこれを絶対戦争観と言っている）であり、武力中心主義者で敵を圧倒殲滅しなければ止まないとする一種の戦争狂の如く批判する者があるかと思えば、全くこれと反して第二のテーゼこそ彼の戦争観であり、政治が軍事に優先するとの正しい見解の保持者であるとしている者が少なくない。

彼の哲学はこの両見解のいずれでもなく、要は二つのテーゼが切り離し得ない関係にあることを述べてこれを戦争の本質と考えているのである。

「現実の戦争は本来の厳密な概念から多かれ少なかれ遠ざかって種々な変態を示すに拘らず（現実には絶対戦争観のような概念は見られないとの意味）、かかる厳密な概念が常に戦争を支配する最高の法則である」と述べていると共に「もしこの二つの要素を分離して別々に考察するならば、両者をつなぐさまざまの関係の糸はすべて断ち切られ、そこには意味もなければ目的もないおかしな物が生じるだけだろう」と言っていることが彼の最も重要な思索のポイントである。

このような考え方がカントの二律背反論やヘーゲルの弁証法に近似していると言われる個所の一つである。

(2)　二種類の戦争（第一編関係）

戦争の定義における第一の原理である暴力の無限界性に関するテーゼは多分に抽象性をもった観念的な発想である。なぜならば軍事的行動は実際には絶えざる連続性をもつことは極めて稀であり、その間に停止状態を呈する原因は多々ある。したがって絶対的形態に接近することはあっても「絶対戦争」つまり敵を完全に殲滅する戦争は現実的にはほとんどあり得ない。しかしこの形態に接近したものはナポレオン戦争において散見することができた。この場合においては戦争があたかも政治性を喪失したかの如くに思われる。これを第一種の戦争とした。

これに反して大部分の戦争の形態を見ると、大なり小なり軍事行動の連続性は見られず、彼我の緊張状態の弛緩が見られ、暴力の行使は緩慢となるので、戦争のもつ政治性を濃厚に感じさせる。これこそ第二の原理である「政治の延長としての戦争」の定義通りの戦争である。このような戦争を第二種の戦争と称している。

しかしこの二種類の戦争は単に外面的な様相から見られる種類にすぎないもので、その原因は政治目的の要求度の大小から生ずる現象のちがいである。したがって戦争の本質には変りはない。つまり現実にはいずれも政治行動と見なされるのであるが、大多数に見られる第二種の戦争の方が第一種のそれよりも、より政治的であるように受け取られるだけのものであると言うことである。

⑶　決戦の戦略、戦術的意義（第一編関係）

戦闘の究極の目的は敵を圧倒殲滅することにある。したがって戦闘力の本質は決戦を行わんとする意志と力にほかならない。彼我両軍が一方は攻撃、他方は防御をするからと言って攻・防いずれも決戦を行うための戦闘方式でしかない。このことを戦術および戦略の両面から考察して見よう。戦術的に見ると、決戦を行うために必要な条件を整えることを要するときは防御を選んで攻者を迎えようとする。したがって防御は決戦の目的を達成する一方式として見る限りにおいては「待ち受け攻撃」の方式である。

ただちに攻撃する攻者とこれを待ち受けて有利な状態を作為してから攻撃する防者とは共に決戦をねらっていることにおいて変るところがない。しかし概して防御は攻撃よりも有利な方式である。なぜならば、敵の攻撃力とその形態に応じて不断に奇襲を加え、また包囲や迂回の多面襲撃も容易であるばかりでなく地形上の利点を一方的に活用しうるからであるとしている。

このような攻防の利害の見方についてはいささか問題があるが、これは決戦を目的とする戦闘方式としての攻防が実はいずれも攻撃の概念として捉えている点において一般の防御と概念を異にしていることに気がつくであろう。

またプロシヤの置かれた地理的条件から出た思想とも思われるが、決戦戦闘が重視されたこの時代背景が感じられる。

次に戦略的にこれを見ると、軍事力は決戦を本質とする戦闘力にほかならないから、たとえ戦闘力が行使されない場合においても使われた場合と同じ効果を心理的に敵に与えるものであるとする。軍事力が所謂戦争抑止力の本質を有していると言われる所以はここにある。

もし戦闘力の使用目的の本質が決戦でないとすれば、このような心理的効果を戦わずして敵に与えることはできない。したがって戦略的な抑止効果をもたらすことができるのは、戦闘力が決戦を本質としているからであるということになる。

(4) 戦略の五要素（第三編関係）

「戦略において戦闘を使用する場合に使用の条件なるところのものを適当に案配すると、それぞれ種類を異にする五通りの要素に分類することができる。精神的、物理的、数学的、地理的および統計的要素の五種がこれである」「しかし戦略をかかる五要素に分解して論ずるのは不都合であり、個々の軍事的行動においてはこれらが互に幾重にも緊密にむすびついているものである」

以上は戦略要素とこれらの関係に関する彼の思想を示すものである。この五要素のうちで物理的、数学的、地理的の要素は第二期の戦略の基本要素であったことは既述の通りであるが、ナポレオン戦争を経験した彼が、これらに精神的要素および統計的要素を加え、特に精神的要素を第一に挙げたことと、過去の諸要素についてその価値を軽視することなく、綿密周到な分析を行っている点は注目すべきである。

物理的要素においては、兵数の優越性について、戦闘力の量、その編成、諸兵種の間の比率等を交えて説明し、数学的要素には作戦線の角度、外方から中心に向う求心的運動や反対の離心的運動を幾何学的価値として、地理的要素は地形の影響、すなわち制高地点、山地、河川、森林、道路等を、統計的要素は軍隊の維持に必要な諸種の兵站的資料に関することについての説明である。

(5)　戦略における精神的要素

主要な精神的諸力として挙げているのは将帥の才能、軍の武徳および軍における国民精神の三面についてである。

将帥の才能としては知性と情意との独特の素質である勇気、果断、行動力、堅忍等について、また戦争における危険、肉体的困苦、情報不足および摩擦等の妨害的要素の克服のための精神的情熱を、軍の武徳については服従、秩序、規則等への随順を、軍における国民精神とは熱情、熱狂的な興奮、確信、国民全体を支配する考え等を含むものとして山地におけるゲリラ戦遂行上重要な精神的要素として重視していることが注目される。

これらに関する心理的な分析力は抜群であり、『戦争論』が戦争に関する理論書であるばかりでなく、統率書たるの一面を覗かせている部分であり、彼が従来一般に必要を認められなかったこの分野に関して異常な関心を示していることが窺われる。

(6)　近代戦の特色について（第三編関係）

市民革命に伴って新しく誕生した軍隊は一兵に到るまで国家意識に燃えた自発性ある行動をとりうるように変革された。それは正規常備軍と民兵とを問わず共通に持つ特性である。

したがって従来のような逃亡者を監視する必要もなく、兵力を思い切って分散疎開して戦闘を指揮することができるし、またそれぞれの兵士の創造力を遺憾なく発揮させることが可能となり、かつ必要となった。しかし、これと同時に他方においてゲリラ戦という国民抵抗の形態が生れ、スペイン攻略にあたったフランス軍が苦戦したことも見逃し難い事実である。このことは陸上戦闘の様相を大きく変革した。つまり「点」と「線」によって行われる艦隊の戦いに見るような様相は一変して、戦場は「面」を加えて拡大したことである。

しかしここで注意しなければならないことは、革命的な国民軍隊の弱点に対する憂慮である。つまり自由に戦闘できる兵士を持つ軍隊は内部的に思想の統一ができなくなって崩壊するおそれさえ包蔵されていることへの警戒心が、彼の所論の背後に匿されていたことである。

このような近代戦の性格はむしろ新しく誕生した軍隊の性格に基づいたもので、将来に向って発した警告でもある。

(7) 会戦の地位（第四編関係）

戦争の本質として(1)に述べた「暴力の無限界性」から見る限りにおいて、敵戦闘力を撃滅することが戦闘を実施する場合の軍事目標であり、敵国の交戦意志を挫くための手段である。したがって敵戦闘力を撃滅することはもっぱら戦闘によってのみ達成されるべきであり、大規模な全般的戦闘のみが大きな成果をもたらすことになる。しかも幾つかの戦闘が集合して一個の大会戦を形成するときの戦闘成果は最大となり、将帥はこの会戦を指導することになる。

以上が国軍の主力をもってする戦闘である会戦の地位づけである。このような観点から彼は戦略と戦術の両効果の関係について次のように述べていることは異色な見解と思われる。

「戦略的成果が大であるためには戦術的成果が大でなければならない。戦争指導において最も重要なものは戦術的成果にほかならない」

つまり戦闘において勝利することが戦略的成果を大ならしめるための基礎要件であるとするが故に会戦の地位を最も高く評価しているわけである。

(8) 戦争は政治の道具である（第八編関係）

(7)の考え方から導き出されることは「戦争は政治の道具である」と言うことである。彼はさきに

「戦争は政治の延長である」と戦争現象を捉え、次いでここでは目的と手段の関係から見れば戦争はその道具（手段）であるとした。

その理由は前項の説明で十分に理解し得たと思われるが、彼はさらに「政治は知性であり、戦争はその道具にすぎない」と言い、したがって「軍事的観点を政治的観点に従属させるほかはない。しかして最高の立場における戦争術は政治となる」と述べている。

ここにおいて彼は一歩を進めて政治と軍事との関係について次のような諸点を強調している。

その第一は戦争の要綱は必ず内閣によって決定されるべきもので軍事当局者のやることではないとして、政治が最高の責任者であると述べる。したがってもし政治家の戦争要綱のつくり方が拙いために軍事作戦が達成されない場合の責任は、政治に求められなければならないとしている。

第二にそれならば内閣の首相に具備すべき条件は何かと言えば広大、卓抜な知力、強固な性格であるとして、軍事に関する洞察力をその特性の第一義とはしていない。これがためもし必要ならば最高の将帥を内閣の一員に加えればよい。またそれ以上多くの軍人を内閣に送ってはならない。なぜならば、政治が統帥に干渉する悪い結果を導くことになり兼ねないからであるとしている。

第三に政治はそれ自身の論理にしたがって考えることを続け、戦争になったからと言ってそのことを中止してはならないと言っている。

かのナポレオン戦争を反省して、諸国がフランス軍に敗れた原因は、革命に反対した諸国の政府によって行われた誤れる政治の結果であるとし、要はあの時代に戦争術に画期的な変化がナポレオンによってもたらされたのは、変化した政治の必然的な帰結を彼は把握していたことを強調している。

この論旨は今日のシビリアン・コントロールの真髄を述べたものとして生き続けている。

(9)　戦争における文法（法則）と論理（第八編）

「戦争は外交文書とは異なる文書と言葉（筆者註 戦闘を意味する）とをもって表現したにすぎないのではなかろうか。戦争がそれ自身の文法を有することは言うまでもない。しかし戦争はそれ自身の論理をもつものではない。それだから戦争は、到底政治的交渉から切り離されうるものではない。もしこの二個の要素を分離して別々に考察するならば、両者をつなぐさまざまな関係の糸はすべて断ち切られ、そこには意味もなければ目的もないおかしな物が生じるだけだろう」と言っている。

この考え方の中で重要な点は、、、の個所である。わかり易く説明すれば、戦闘を行うためには諸の原則があるが、それは文法のようなもので、それなりに重要である。しかしそれらの原則のいずれが適用されるべきかとなると、それはその時代の社会的背景によって組みたてられた政治の論理が根底となっている。

すなわち文法は論理を基礎としてそれから導かれた法則である。しかも戦闘の文法はあっても戦闘の論理があるわけではない。したがって政治の持つ論理からいかなる戦闘の原則（文法）を選ぶべきかを見出さなければならないということである。

このことは何を意味するかと言えば、第一に政治と戦争とは全く切り離すことができないことを方法論の立場から説明していることである。そして第二に政治の論理に変化が生ずれば戦闘の文法はおのずから変らざるを得ない。その逆に戦闘の文法を変えることによって政治の論理が変るということはない。

第三に政治の論理は社会的諸現象によってつくりあげられるものであるが故に、各時代には各時代にふさわしい政治の論理が生れる。したがってその手段である戦争もまた各時代に応じてその文法を変えて行くのであるから、いつでも通用する一定不変の戦闘の原則等と言うものはあり得ないと言うことを説明していることになる。

これからわかるように、彼は方法論的な用兵原則を固執する者に対して原則否定論の立場にある。これは前期の絶対王朝時代に形式的観念的に一定の原則を固守しようとした考え方に対する挑戦でもある。

またナポレオン戦争の時代を迎えて彼我の兵力の大小を戦いの重要な決め手とした兵数優勢の思想や、内線作戦方式を絶対的に有利であるとした考え方に対して必ずしも同意せず、状況によっては寡を以て衆をたたくこともできれば、外線作戦方式をとることを有利とする場合さえあるとして思考の柔軟性の必要を説いている。これらは根源的には政治の論理と戦闘の文法との関係から出発した具体的な説明であると見ることができる。

(10) 戦史の重要性の拠って来るところ（第二編関係）

『戦争論』がクラウゼウィッツによる膨大な量の戦史研究の成果を背景にしており、しかも『戦争論』自体が戦争史論的性格を有していることはこの書の大きな特色と言えるであろう。この点においては東洋兵学の名著と称せられる『孫子』と叙述の基本態度において比較される。

彼が戦史を重視したのは直接的にはその上司シャルンホルストの影響を受けたことによるが、次の二つの理由が彼をして一層の戦史研究の重要性を痛感させたのである。

その第一は戦争の研究にあたり、理論と経験との間の矛盾を解消するため、この両者をできるだけ接近させることによって科学としての戦争を確立させ得るものと信じた。つまり戦争科学を樹立するためには経験としての戦史を不可欠の研究分野とすることによって、はじめて真理の探究を可能にするとの歴史科学の基本的立場をとったことである。

第二は、市民革命を経た近代の戦争は戦う一人々々の精神要素の働きを無視して機械論的形式主義理論に偏するわけには行かなくなったことを強く認識したことである。したがって努めて多くの戦史に通暁して悉く異質である諸戦争の実態に接しようとした。

以上の二点に共通して戦史研究の帰するところのものは、知識を求めることよりも究極的にはものごとを判断する能力の養成にあったことを物語るものと言えよう。

第二編の「戦争理論」において多くの頁数を割いて戦史研究の必要性とその方法論およびその効用等に関し詳述している点は注目すべきものがある。例えば「批判」および「戦例について」の章においてである。今日一般の歴史科学者による叙述と軍当局の戦史叙述との間にはその方法において必ずしも一致しないものがあるが、これは軍の戦史に期待される実用性、効用の面においてである。

一般社会科学に共通の場を持ちつつ軍事科学の特殊性が奈辺にあるかについて『戦争論』は戦史研究の面において明確な原点を示していると思われる。

その他

(1) カルノーの軍制改革

フランス革命のもたらした社会的変革に対応してこれを軍事上の組織にまで整備したのはフランス軍工兵将校カルノー（Carnot）であった。彼は革命政権の樹立と同時に国防の基本として対外戦争に適した軍団の編成と補給組織を改善して作戦計画の策定を容易にした。一般的に意義あるものとしては徴兵制度の設定、軍隊規律、能力主義的な軍人人事、兵卒に対する政治教育の普及等であり、この事業に立脚して新しい戦術を創造したのがナポレオンであるので、それはわが国の明治維新における大村益次郎に匹敵するものと考えてよかろう。

(2) シャルンホルスト

プロシヤ軍隊における革新的思想をもつ偉材シャルンホルスト（Scharnhorst　一七五五〜一八一三）

将軍はかねてからユンケル階級の支配する軍の上層部に対して抗争を試みつつ軍制変革の事業に着手していた。また用兵思想においてもフリードリッヒ以来の旧思想を批判し、近代軍事学の樹立を説き前途有為な将校を育てて勢望があった。グナウゼナウやクラウゼウィッツの如き革新的な思想を持つ将校達は彼の死後その思想を継承発展させた。

グナウゼナウ（一七六〇～一八三一）はパルチザン戦争の理論家であり、後世クラウゼウィッツと共にエンゲルスの革命戦争理論の樹立に大きな影響を与えた。シャルンホルストこそこれらの思想の先駆者である。

彼はまた近代的兵術教育の方法について実践と理論の統合をめざして新機軸を開いた。これはクラウゼウィッツを経て、第四期のドイツ兵学をしてヨーロッパの中心的存在たらしめる基礎となったからであるが、この教育法については第四期に譲ることにする。

彼の名は今日の西ドイツ共和国においても「シャルンホルスト通り」の地名として残されているようにドイツ人の胸のうちに輝きつづけている。

(3)　カール大公、ジョミニ、マルモン等

オーストリーのカール大公、フランスのジョミニ、プロシヤのマルモン等は、第二期に栄えた機械論的、地形主義の用兵思想の流れを汲み、これを第三期のナポレオン戦争の体験を経て第四期に到ってさらに近代的体系を整えた。この種の軍事思想は一九世紀の前半に支配的な影響力を及ぼしたものである。いずれもナポレオン戦争の歴戦者であり、実践家であると共に理論家であり、多くの著作を残しているが、これらを代表するジョミニの思想については第四期において述べることが妥当と考えるので本期においては省略する。

(4)　ネルソンの海戦思想

ネルソン

トラファルガルの海戦

トラファルガルの海戦（一八〇五）は英国海軍の帆船戦術発達の頂点をなすものであった。ネルソン（Leonard Nelson）[注11]の輝かしい勝利の原因となった思想はあたかも陸上におけるナポレオンのそれと同様に古い図式主義の戦術思想から抜け出したところにある。すなわち敵艦隊に対する決戦、制海権の意義の重視、戦力の要素への集中等の思想は後世の兵学家のマハンを生み出す萌芽を示すものと見ることができよう。

その意味において海・陸共に時代の影響を受けて同一歩調を進んで行ったことが理解されよう。ただ海軍の艦艇が帆船の域を脱しないかぎり、その後の進展は見られず、戦争における海戦の地位は概して陸戦に追随するものに止まらざるを得なかった。

五、国民戦争時代（第四期）

第四期の歴史的概観

この時代はナポレオン戦争が終った一八一五年から一八七〇年の普仏戦争ごろまでの約五〇年を対象とする。

大戦争の直後には平和な時代が到来するのを常とするようにウィ

ーン体制と称せられる国際的平和維持の秩序が生れたが、その主旨とするところは、ヨーロッパを戦乱に導いた革命的要因を押さえて第二期の絶対王朝時代の体制に復帰させ、次に列国の間に勢力の均衡をはかるため統制や干渉によってその体制を維持しようとする保守的な政策である。しかしこの体制は強国間の利益にはなっても新興国にとってはその発展を阻害するものとして長くは続かず、新興国のアメリカによるモンロー主義と称する不干渉主義の宣言（一八二三）を契機として崩壊する。

次いで一九世紀の半ば頃からフランスやドイツ連邦等において再び革命運動が活発となり、全ヨーロッパにこれが波及しはじめた。それは真の独立と統一をめざす近代民族国家誕生のための国民戦争に発展し、イタリアの解放戦争、ドイツの統一戦争、アメリカの南北戦争等に見るようなフランス革命に次ぐ第二の戦乱時代を迎える。

これに併行して産業革命もイギリスに遅れてヨーロッパ各国の間に進展を見た。科学技術の進歩は蒸気機関の実用化、化学、機械製造技術の発達をもたらし、鉄道および汽船の発達は流通機構を世界的規模にまで拡張させた。かくて工業化と経済的発展は各国共に著しいものがあった。

産業革命の進展が生産力を著しく増大させたのにも拘らず、列国間はもとより、国内においても貧富の差を生ずるという社会矛盾が深刻となり、これが国民の意識に新たな社会革命的思想を植えつけることになる。一八四八年におけるマルクスの共産党宣言はこのような時代背景のもとに生じた。

これらとは別にイギリスを筆頭にヨーロッパの大国は資本主義の発達に伴い、その販路を海外に求めるべく植民地市場の拡大に狂奔する。ヨーロッパの諸国が海外に植民地を求めて発展を開始したのは一六世紀にさかのぼるのであるが、当初は主として通商貿易によって販路を求めた。

しかるに植民地を占領し、これを従属させ、その資源を搾取して暴利をむさぼるという残酷な侵略性が次第に露骨となって来た。それと同時に列強間に激烈な植民地獲得のための武力紛争へと移行して行く傾向が次第に顕著となって行く。

世界の七つの海を制したと言われる海洋国家イギリスが次々とヨーロッパ大陸列強の海外発展を制した戦略はこの時代において最もその特色を発揮した。ナポレオン戦争においてフランスに勝利するや、もっぱら植民地獲得のための侵略に力を注ぎ、この間大陸に台頭するロシア、次いでドイツの拡張を押さえてヨーロッパの王座を維持して行ったやり方は、まことに老獪狡知と言うべきものが感ぜられる。

軍事的変化の諸傾向

以上のようにこの時代は当初の一時的平和体制が破れてからはヨーロッパに二種類の戦争が生じた。

一つは民族国家統一のための独立戦争であり、他の一つは旧大国の植民地拡大に伴う侵略的性格を帯びた戦争である。

さらに付加すれば資本主義経済のもたらした内部的矛盾が、国家の先進、後進の別を問わず国内において新規な社会革命の思想を生じ、世界的連帯のもとに団結しようとする労働運動の芽が現われたことは将来の研究のために見逃すことはできない。

以下軍事思想に関する若干の問題を取り挙げて見よう。

(1) **兵器技術**

科学技術の著しい進展が兵器の発達に及ぼした影響は大きい。冶金学の発達が銃砲身の地金の改善に、電気学が動力機械兵器を、応用化学が爆発薬の改良をもたらした。

撃針銃、腔綫銃の出現、後装式腔綫砲の普及による射程の増進と照準の正確性の増進、弾量と初速の増大、榴霰弾、綿火薬の登場等、火器技術と共に、築城、道路、架橋、爆破、抗道等の工兵技術の大躍進が行われた。

セバストポリの近代式永久保塁の要塞が建設されてロシアがこれを難攻不落と誇ったのもこの時代である。

(2)　軍事制度

ナポレオンの没落とともにヨーロッパが王政復古の政治体制に立ち戻ったことは前に述べたとおりである。特にロシアを盟主としてプロシヤ、オーストリーを加えた神聖同盟は、あたかも神聖ローマ帝国時代の復活の如く、各国に絶対王制と農奴制とが息をふきかえし、旧特権階級の台頭を見るに到り、これが軍制に及ぼした影響は大きい。

国民皆兵制の基本原理である民主主義的建軍の本義や諸制度は排撃され、軍隊は再び以前の職業的性質を帯び、長期現役勤務を伴う古い傭兵制型に近づいた。しかし一度経験した国民軍隊の近代的組織を根底からくつがえすには社会的な基礎条件の成長がこれを許さなかった。

したがって一般必任義務の特色とも言うべき短期兵役勤務や後備軍の制度は解体されたが、これに代る代人法や代金法または抽せん制等を伴う軍制形態に緩和された程度に止まった。

しかし一九世紀後半に入るや再びヨーロッパは革命の渦に巻き込まれ、ウィーン体制の崩壊に伴って軍事制度もまた国民戦争的な機構へと移行をはじめるのである。

(3)　用兵思想

フランス革命が生んだナポレオンの革命的用兵思想もまた第四期初期の政治的風潮の影響を受けて変質を余儀なくさせられた。ある意味において一八世紀時代の形式的機械論や地形主義的な傾向をとらざるを得なかったが、カール大公、ジョミニ、マルモン等ナポレオン戦争の体験者はそれなりに新時代に適応した用兵思想の科学的体系化をはかるべく、諸著作を書いてこれを普及させた。したがって彼らの思想は一九世紀特にその前半において軍事界を風靡した。

しかし一八四八年に起ったフランスの二月革命は再び全ヨーロッパを大きく震駭させ、プロシヤは他のヨーロッパ諸国に先だって兵学の理論的前進を示しはじめた。それはクラウゼヴィッツの兵学思想の継承発展にほかならなかった。

一八四〇年頃プロシアは遅れて産業革命に突入し、兵器、技術の面において画期的な躍進を開始したので、一八六六年の普墺、一八七〇年の普仏戦争に見る用兵思想には、時代的適用を受けて新時代の息吹きを感じさせるものがあるが、これについてはモルトケ将軍の思想を代表として後述する。

終りに特に注目すべき点として兵器、技術の進歩がようやく既応の用兵思想に大きな影響を及ぼしはじめたことである。その具体的な例として一八五三年のクリミヤ戦争にその片鱗が見られるように戦争を徒らに損耗の多い長期的形態に変質させた。

(4) 二種類の戦争とその様相

(1) 民族国家統一戦争の様相

この時代の戦争を特色づけるものの一つとして民族国家統一戦争があるが、これには外部に向ってその独立を獲得しようとするものと、内部的な対立を統一しようとするものの二種類が現象として見られるが、民族がその自覚に基づいて確乎たる独立国家を建設しようとする意欲においては異なるところがない。

この戦争の典型と見られるものにアメリカの南北戦争がある。これは一八六一〜六五年の間にアメリカに起った大規模な内乱であるが、原因は工業化された北部と農業を中心とする南部諸州とが新旧の体制の対立によって生じた革命的な大戦争であった。この戦争が北部の勝利に終って独立の基礎を固めたアメリカは、この間残忍極まりない戦闘を繰り返して大きな犠牲を払ったのであり、その激しさは半世紀前のフランス革命をはるかに上廻るものであった。

革命や戦争生起の原因は個人や社会の利害対立によるものであるが、この戦争は市民の自覚による国民戦争であったが故に怒りや憎悪がみなぎり、勝利のためには生命を賭することを躊躇せず、敵に対してはいかなる手段をも選ばない無差別的な戦闘が続けられた。

南北諸州の利害の対立を解消することは、同時にヨーロッパ諸国がアメリカを植民地化しようとする侵略の手を断ち切って真の独立を獲得することに通ずるものであるが故に、市民の自覚がナショナリズムと結んでこのようなすさまじい結果をもたらしたわけである。

(2)　植民地戦争の様相

この時代の戦争を特色づけるもう一つの種類に植民地戦争があるが、これらは主として英、仏両国がアジア、アフリカの後進諸国に対して行った侵略戦争である。

比較にならない先進国の軍事力をもってする侵略であるので当初より勝敗の帰趨は明らかである。したがって用兵技術の発達をこの戦争から求めることはできず、これが逆に用兵の進歩を遅らせる原因の一つともなっている。

ところが諸列強による植民地戦争の激化に伴ない、諸列強相互間の戦争の惹起をもたらした。クリミヤ戦争はその典型的な一例である。

資本主義の経済の発展と併行してこの二種類の植民地戦争はますます激化して次期の帝国主義戦争時代に移行するのである。

ジョミニと『戦争概論』

(1) 絶対王朝時代の用兵思想の変遷

ジョミニの思想に触れる前に第二期を支配した機械論的な地形主義思想のその後の変遷について重複をいとわず触れておきたい。これはジョミニの思想の流れを知るために必要と思われるからである。

ジョミニ

第二期を支配したロイド等の軍事思想については第二期の末尾において触れておいたが、この思想は当時プロシヤにおいて最も強かった。

ナポレオン戦争の最後を飾ったワーテルローの戦いの功労者プロシヤのビューロー（一七五五〜一八一六）はロイドの作戦線の概念から出発して策源という概念を樹てた。それによると、前に述べておいたように軍の配備地点と策源の両端とを結ぶ線によってつくられた観念的な角度が最も重要な意義をもち、この角度の大小と軍隊の地位の良し悪しとは比例するものであるとした。

プロシヤが完敗したイエナの会戦の責任者たるマッセンバッハはこの思想を受けて戦略戦術と地質学とを合成して高等地学と言う後世の地政学的な発展に通ずる提唱をしたが、陣地の重要性を過信して軍隊の戦力を軽視したため大敗を喫したと言われる。

この思想はオーストリヤ軍にも侵透し普及したが、カール大公は独得の内戦理論を駆使してナポレオンに痛撃を与えたことで有名となった。彼の内線および中央線の理論は純軍事的な観念的構想であって真の戦争目標やその手段とは結びつかないが、ジョミニもまたこの思想の影響を受けていた。

(2) ジョミニの人となり

アントン・アンリ・ジョミニ（Antoin Henri Jomini 一七七九〜一八六九）はスイス系のフランス人で一八〇五年のウルム会戦からイエナ（一八〇六）、フリードランド（一八〇七）、スペイン（一八〇八）、リュッツェン、バウツェン（一八一三）等の会戦にはナポレオンの麾下にあってその幕僚を勤め大いに功績を挙げたが、仲間の中傷に遭い、フランス軍を去った。後半生はロシア軍に転じ、九〇才の高齢をもって死に到るまで同軍にあった。この間彼の兵学研究の成果は全ヨーロッパにおいて名声を博し、普仏戦争のはじまるまでの兵学界は彼をもってその第一人者としていた。

彼の著名な書には二五才の時から三七才に到る一二年間にわたる研究成果の『大陸軍作戦論』と一八三七年の老令期の『戦争概論』がある。

(3) 兵学思想の概要

『大陸軍作戦論』は七年戦争でフリードリッヒ大王の行ったロイテンの斜行戦術から多くを学んだと伝えられるが、作線の定義、内・外線作戦の区分、地形的、幾何学的見地から作戦線の重要性を展開しているものである。

これをもってしても彼は第二期の戦術思想が根底にあり、この思想をナポレオン戦争の体験によって近代的に修正発展させたのが『戦争概論』である。

この書はしばしば同時代に生きたクラウゼヴィッツの思想と対比される。もとよりナポレオン戦争の影響下にあったので類似する点は少なくないが、民族的および個人的性格のちがいが多少両者の内容に格差を生じているように思われるので、その骨子とも思われる部分を概観する。

第一にいかにして勝利すべきかをねらった戦略、戦術上の方法論を重視し、このため自らの体験に基づき現実主義的に記述されているのは読み易い。この点ではクラウゼヴィッツが戦争現象の本質を解明しようとする哲学的思索とは対象的である。

第二は軍事思想の特色とその影響度についてである。彼がナポレオン戦争の経験者でありながら、第四期の時代に長く生き続けた関係もあって、第二期に支配的であった機械論的な地形主義兵学理論の一層の発展を試み、特にプロシヤの勢力台頭に伴い、これがこの時代の兵学思想を支配するに到った。しかし時代の進運と共にこの思想はクラウゼウィッツの思想に席を譲るようになるのである。

(4) 『戦争概論』の主要な論点

(1) 『戦争概論』の概要

前後二巻よりなり、近代兵学とその効用を序言とし、八章に分けて論述している。戦争の理論をまず平易に説明し、次いで戦略、戦術の原則に力を入れている。いずれも簡潔で全巻に要した枚数はクラウゼウィッツの『戦争論』の六分の一程度しかない。哲学的な記述はなく常識的であると共に現実的、具体的であるところが特徴と言えよう。

(2) 戦略要点について

戦略の要点を地形上の要点と作戦上の要点に分け、前者を決定的に重要なものとした。このような要点の分析は『戦争論』には見られないすぐれた把握である。

クラウゼウィッツがもっぱら敵野戦軍を目標とし、地域目標を次等にとり上げているのに比べて、地域目標を重視している点が注目される。

(3) 作　戦　線

戦場において敵に勝る兵力を集中する方策として作戦線を重視し、これを詳細に分析している。

特に内線作戦はナポレオンの最も得意とする戦法であったが、彼はこれに共鳴してその方法について詳しい分析を行い、絶対的な不変原則としている点はクラウゼウィッツと対象的である。しかしこの原則は火力の進歩、連絡手段の増強された後世においては、その絶対性が崩れて行かざるを得なくなった。

(4)　情報に関する記述

理論と実際との間のギャップを埋めるため情報手段の必要性を説き、スパイ、地上、空中よりする各種偵察、脱走兵や捕虜の訊問等のあらゆる手段をつくして敵軍の企図を偵知することを強調した点は注目に価する。

(5)　攻防観

絶対戦争観に立つクラウゼヴィッツが戦闘の本質を決戦にありとして、これがために攻・防何れの手段もこの本質である決戦を目標とするものであるとしたことは『戦争論』の紹介で述べたとおりである。また、その場合に防御を攻撃よりも有利であると考えた点も同時に述べておいた。

このような考え方に対して一八世紀以前の地形主義的軍事思想を発展させたジョミニの立場はむしろ批判的である。

第一に軍事目標は敵野戦軍との決戦を企図する場合と、地域占領や地域固守を目的とする二つの場合があり得るとして、両者いずれを選択するかは情況によって異なるものと考えた。したがって防御は決戦防御としての「待ち受け攻撃」のみに限らず、地域を確保することを使命とする場合も少なくないとしている。

第二は「戦いに勝つ方法が必要とする方面に決定的な兵力を集中するに存するならば、主動の地位に立つことは何よりも大切である。攻者は自らの企図行動を意のままにできる……」と述べて、攻撃が防御に比べて相対的に有利である点を、主動性を獲得しうる一点において強調している。この点もまたクラウゼヴィッツと比較される。それと同時に防御が敵の脅威下にある地域をできるだけ長く保持することを目的とする場合があることを述べて第一に挙げた立場を明確にしている。

以上のジョミニの攻・防観は現代の常識的な見解であり、クラウゼヴィッツの観念的発想に比べてより現実的であると言えよう。

(6) 戦略と戦術の関係

ジョミニはまたクラウゼヴィッツの戦闘による勝利の強調に対しても激しく反発している。

「兵学者の中には戦闘による勝利こそ戦争の中心事業であるとなすものがいるが、この考え方は余りに狭隘である。戦略機動により、敢えて決勝会戦に訴えることなく敵を圧倒し去ることも可能であるからである。……中略……完全な勝利を戦闘によってのみもたらされるとするのは正当とは言えない」と述べ巧妙な戦略の無視すべからざることを唱えてクラウゼヴィッツが戦闘の勝利があっての戦略であるとの見解と相対立している。

このような対立関係が生じた所以も、ジョミニが一八世紀の機動戦略の思想を継承しているところによるものと考えられる。

もとよりこの比較はやや過広断面的なそしりを免れず、同時代に生きた二人の兵学家の思想には相共通する部面の方がはるかに多いことは認めなければならない。

(7) 兵站と幕僚組織

ナポレオン戦争の時代を迎えて交戦兵力の画期的増大が実現されると、当然これに伴って指揮組織におけるスタッフの登場を必要とする。またフランス軍に見るように大挙遠征が企てられれば、これに伴う兵站機構にも抜本的な改革が要請されなければならなくなる。

ナポレオンは彼の天才によってほとんど独裁的な指揮をとったが、それは一般の将帥をもってしては、もはや指揮能力の範囲の限界を越えていたと言うことになる。ジョミニがナポレオンの側近にあって兵站と幕僚組織について強い関心を持っていたことも頷かれるわけである。

彼は軍隊の機動が大規模、複雑になると、幕僚は一層広汎多岐にわたって業務を処理し得るような能力と機能の必要が増大せざるを得なくなる。

そこで幕僚の地位、組織および機能についてすぐれた見解を展開し、特に輸送、宿営および糧食等を取り扱う兵站分野について幕僚は広く通暁していなければ勤まらないことを強調したのである。

フランス兵学が概して計数的要素を重視する幕僚勤務において、ドイツ兵学よりも堅実かつ地道な伝統を有するのはフランス人の性格によるものと思われるが、ジョミニのこの種の思想と無関係ではなさそうである。

(8)　その他

ナポレオン軍がスペインに侵入したときにスペイン民間人のゲリラ戦に苦しめられ、しかも残酷極まる戦場を目のあたりに目撃してジョミニは「このような戦争が二度と再び起こらないように史上から抹殺されなければならない」と慨嘆したと言われる。

確かにフランス革命以降の戦争は一八世紀まで残存していた戦争の道義性が失われ、勝利のためにはあらゆる手段を選ばない非情な戦闘行為が国民の熱狂的情熱のもとに行なわれたことは事実である。メッテルニヒ体制を迎えてこのような戦争を嫌悪する風潮が盛り上った。その時点においてジョミニがかの殲滅戦やゲリラ戦に反対して、法に支配される戦争、理性の許す戦争を追求したと言われている。

それはあたかも三〇年戦争の直後にグロチュースをはじめとして、戦争の非人道性を阻止しようとする声が昂まったのと類似するものであるが、彼が人道的兵学思想の持ち主であると言われる所以もこの辺にあるようである。

モルトケ

(1) モルトケの功績について

モルトケ(Helmuth Karl Bernhard Grat von Moltke 一八〇〇〜九一)はプロイセンのウイルヘルム一世の時代に参謀総長として活躍し、ドイツ帝国の創設に貢献した功績はすこぶる大きいものがあるが、彼の兵学思想は一九世紀末のヨーロッパの兵学界を支配した。特にクラウゼヴィッツの思想の第一の継承者として多くの後進を育成し、かつ諸列強の軍隊をして「プロイセンに見倣え」という風潮をもたらしたほどにドイツ兵学の全盛期を創ったことは何人もこれを否定することはできないであろう。

モルトケ

彼の功績を実証するに足るものは、宰相ビスマルクと陸相ローンの名コンビによって、デンマーク戦争(一八六四)、普墺戦争(一八六六)および普仏戦争(一八七〇)の三大戦争を起こし、後進的で封建的色彩の強いプロシヤ軍を率い、政戦両略の見事な協調のもとに短期間に勝利を収めたことである。

しかし老後彼が将来を予言した「将来の戦争は七年戦争や三〇年戦争のように長期のものとなるであろう。これから後はいかなる現代の大国も一つや二つの作戦の成功で殲滅的に相手を撃破することはできないであろうから」の言葉に忠実に耳を傾けなかった後継者達の実績を考えると、彼こそドイツにおけるクラウゼヴィッツの最初にして最後の後継者であったとも言えよう。彼が一軍人として政治と統帥の関係をととのえ、一切外交に口を出さなかった半面、軍事に関して最大の叡知をつくした態度と能力こそクラウゼヴィッツの継承者たる所以であろう。

(2)　軍制面における実績と思想

赫々たる彼の功績を裏づけるものの一つとして軍制面について述べると、第一に参謀本部の拡大強化がある。それは本部の編成を改革し、各予想戦場ごとに担当部局をつくり、平素から情報を収集して可能な戦闘状況をすべて予想して作戦計画を練ったことと、「鉄道部」を新設したことが挙げられるが、さらに重要なことは普墺戦争中、作戦に関し、国王に直接上奏する地位つまり帷幄《いあく》上奏権を獲得したことである。これによって作戦に関して統帥の独立、指揮の統一を確立させた。

第二は「鉄道部」の新設が物語るように鉄道および電信技術を徹底的に重視した。これは蒸気機関や電信の発明に着目して用兵の基礎となる輸送連絡の手段を軍隊に取り入れることによって動員速度を著しく早めたことになる。

第三は兵器、特に火器に関する平時の研究と開発を重視したことである。すでにクラウゼウィッツの頃からプロシヤは大兵器工場を建設して、一八四〇年以降は大砲の開発をも行い、発射速度、照準の正確さ、運搬の便利、有効射程距離の延伸をはかった。

(3)　用兵面における実績と思想

第一は主要戦場に兵力を迅速かつ大量に集中するナポレオン戦術を適用するために、彼は当時のプロシヤの政治、経済的社会条件を洞察してその時代に見合う方法を発見して実証的に発展させたことである。その顕著な一例として挙げるものは前述の鉄道、電信の利用によって分進合撃の外線作戦方式を採用したことである。かつて内線作戦の有利性がヨーロッパの作戦思想を支配していたのを彼はくつがえしたことになるが、これこそクラウゼウィッツの思想の柔軟な適用と見ることができる。

第二は各級指揮官に対する独断の奨励である。

分進合撃作戦の成立には通信連絡の確保が必要であるが、さらに第一線指揮官が独自の判断で行動する自由裁量権を持つことが許されなければ活発な行動はできない。これがため基本となる戦略構想は中央において確立し、これを各部隊指揮官に承知させておく必要がある。したがって命令は細部を規正するものではなく、大綱を包括的に示すことによって隷下部隊の独断を発揮させると共にこれが専恣《せんし》に陥らないようにした。

かかる独断の奨励は包括命令によって実行を可能にしたのであるが、鈍重なプロシヤ人に対する自主積極性を鼓吹しようとする別の意図があったように見受けられる。

第三はこれらと密接な関係にある問題であるが、平素の教育訓練において将校の戦術能力向上のため戦史、応用戦術等を盛んにし、机上における実践的思考の訓練を重視したことを挙げておかなければならない。

第四に騎兵を積極的に使用してその威力を発揮したことである。当時予備的な使用が主であった騎兵を軍の前面に使用して、敵情偵察、警戒および側面攻撃に用いる等、ナポレオンの騎兵用法を復活させたので、騎兵部隊はブレドー旅団をはじめ各戦場において輝かしい功績を挙げた例が少なくなかった。

第五に情況作戦的な作戦計画の考え方である。

「開戦から戦争終結に至るまでの作戦計画を細かく規定するのは大きな誤りである。敵の主力と衝突が起ったときから、その戦術的勝敗がその後の作戦の決定的要因となる。したがってその先をいかに計画しても予期しない事態が続出するので、これに十分対応しうる処置は考えておく必要があるが、先の先まできめつけて計画しても意味はない」と。

彼は緻密な計画者ではあったが、戦争の実態を洞察して計画倒れになることを戒めた。

以上彼の思想は当時としては新規なものと思われたが、基本的には前述したようにクラウゼウィッツの思想の発展である。

要塞戦よりも運動戦を重視し、武力戦の目標は土地の占領でなく敵戦力と戦意の粉砕にあったこと、戦術的勝利を重視してその成果を戦略上の計画において発展させたこと等がこれを物語るものである。普仏戦争において敢えてパリ入城を行った彼は、フランスの不正規国民軍の抵抗にあって国民全体が憎み合うような性質の戦いは進歩ではなくて野蛮な行為であることに気づいたと言われるが、これは彼の統帥上の唯一の大失敗、誤算であり、フランスの対独憎悪を繰り返す原因をつくったことも後世のため敢えて付記しておきたい。

エンゲルス

エンゲルス（一八二〇〜九五）はマルクスと共にマルクス主義社会革命理論の祖と言われるドイツ人で、彼が「将軍」とあだなされているように軍事問題の理論研究に関心をもった動機は、一八四八年全ヨーロッパを席捲した革命の嵐の中で革命闘争に加わった現実的体験による。

エンゲルス

それ以前に志願兵として隊付した近衛砲兵隊の一年間の経験を携えて義勇軍に参加し、幾度か弾丸の下をくぐった。一八五一年以後彼は組織的な研究に入り、戦史研究はもとより、軍事技術的基礎、兵器や軍需品の発達、軍制形態の変化、用兵技術、戦争概念や兵学思想の変遷などきわめて綿密にしらべた。このようにして彼はマルクスの哲学、社会主義的思想の上に軍事科学の体系を築いたのであるが、クラウゼウィッツの『戦争論』を熟読して大いにその影響を受け、これによって革命戦略の基本的理念を創造したと言われる。

シャルンホルスト、グナウゼナウやクラウゼウィッツがフランス革命に引き続くナポレオン戦争の体験者であることは既述のとおりであるが、それだけに革命の実態についての認識は強く、これが原因の一つとなって第四期以降しばらくは彼らの思想が排撃され、彼らが失意の地位に置かれたことも想像に難くない。しかるに一九世紀の半ば以降各地に再び革命の嵐が襲い初めたときに、エンゲルスが『戦争論』に目を向けたことも蓋し必然的なものであったと思われる。

エンゲルスがクラウゼウィッツから受けた影響の一、二を紹介すると、第一に兵学を広義的な社会学、歴史学科として発展させたことである。クラウゼウィッツが戦争研究にあたってこれらを構成する内的要因の関連を求めて、全体的に戦争を地位づけた考え方をエンゲルスは一層発展させて、諸々の社会現象と政治との関連を通じて戦争の本質を捉えようとした。ここにおいて革命も戦争も同根異質な政治現象であることを理解し、革命兵学の樹立に貢献するところがあった。言わば従来の技術論的な兵学には見られない新しい時代の戦争観をクラウゼウィッツの思考方法から学んで、当代および未来のために広義兵学を開拓したと言えよう。

第二は絶対戦争観の革命理論的適用とでも言うものである。申すまでもなく社会革命理論の本旨とするところは、社会的進歩を継続するためには保守的な妨害勢力の抵抗を絶えず打破して行かねばならず、これがためには暴力によって妥協なき闘争を続けざるを得ない。クラウゼウィッツが戦闘行動における暴力の無限界性をもって戦争の本性としたのに対して、これを社会的領域にまで拡大して政治行動における暴力の無限界性発揮を必須な革命成就の条件と考えた。

このような思想が生れたのも社会的諸条件の変化と密接な関係があるが、社会主義革命理論の基本的考え方となって、それから導き出される革命的技術はレーニン、スターリン等によって具体化されて行くのである。

六、帝国主義時代前期（第五期）

第五期の歴史的概観

ここでは一九世紀末期（一八七一年）から第一次大戦の終了（一九一八年）までの約五〇年を対象とする。

資本主義経済の異常な発達と産業革命の進展に伴う生産力の飛躍的向上が第四期の延長としての第五期を特色あるものに変化させたのであるが、この時代には二つの戦争形態がこの時代を象徴している。

一つは植民地獲得競争の激化に伴う侵略戦争の規模が拡大したことであり、他の一つは国内的経済の矛盾に伴う社会不安の増大による社会革命が世界的規模において拡大したことである。

第一の植民地獲得のための戦争の激化は国際間の対立抗争を飛躍的に大規模かつ激烈なものに駆り立てた。

英仏は主としてアフリカおよびアジアの各地において、ロシアは極東においてイギリスと次いでバルカン地方において英、仏ならびにドイツと、アメリカはスペインと太平洋において、また新興国ドイツはアジアおよびバルカンに勢力を扶植して群雄割拠が世界的規模において行われ、虚々実々の外交政策と武力戦争が華々しく展開されるに到った。

これらの抗立抗争に見られる特徴としては、二国間対立から数カ国の軍事同盟をもってする傾向が強くなって来たことである。その中で最も巨大な対立関係に成長してゆくのは英仏露に対する独墺の同盟的対立であり、ついには新興国ドイツが外交的孤立に陥って旧大国英仏を枢軸とする連合国を相手に第一次世界大戦へと発展するのである。

この間、第二次産業革命の進展はめざましく、軍事産業もまた著しく拡大し、各国は軍事予算の膨張、軍拡競争を激化して等しく軍国化の道を進んで行ったのである。

第二の社会革命思想の世界的規模への拡大についてその過程を辿ると、一八四八年に共産党宣言が、一八六四年以降にはインターナショナルと称する国際労働者協会が誕生して社会主義的勢力が国際的連携のもとに拡大する基礎ができた。この間にイギリスをはじめ、フランス、ドイツ、ロシア等の列強の内部においてそれぞれ過激な労働運動が激化し社会不安が増大した。

一八七一年パリ・コンミューンの乱においてはパリ市民は武器をとってヴェルサイユ政府軍を打倒し、はじめて社会主義政権を樹立した。この事態に驚いた資本主義諸国は社会主義思想を共通の敵として恐怖の対象と見て、これが自国内に蔓延することを警戒し阻止するのに努めたが、一九一八年にはロシアに革命が起って社会主義国家の誕生を見るに到った。

その他の国々ではこの種の革命の成功を見るには到らなかったが、この思想を世界的侵略性を有するものと見て、思想侵略の「妖怪」に対して少なからず脅かされる状態となった。

軍事的特色とその要因

(1) 軍事技術の発達

この時期は特に冶金、化学、応用電気、通信、運輸の領域における技術の巨大な進歩により、銑鉄および鋼鉄の新生産方法、発電機、内燃機関、電気照明、電動機、電話機、無線電信および飛行機等の発明と発達はめざましい。

二〇世紀初頭には自動式兵器が開発された。火砲は速射能力を増大させ、また射程を著しく延伸させ、観測用器具の精巧化と無煙火薬の応用とによって長距離からでも正確で強大な破壊力をもつようになった。火砲は重砲、曲射砲、臼砲等の種々の出現を見るが、一方要塞はコンクリートと甲鉄を利用しはじめた。

機関銃の出現は歩兵の装備と戦術を一変させ、銃砲威力の増大は戦闘隊形をますます疎開させ、その縦深を拡大させると共に戦闘継続時間を長びかせた。

鉄条網、手榴弾等の利用により野戦陣地は強化され、火力の増大は防御力を強化したため正面突破は困難となり、勢い包囲、迂回の形式が用いられるようになった。

鉄道網の発達と自動車の出現は大衆軍隊の組織と輸送とを容易にし、電信やラジオの応用は広大な戦場における統率、管理を容易にした。

飛行機が偵察用として実用化されることにより作戦情報は一段と活発になった。

(2) 用兵思想と兵制

第四期特にその前半において支配的であったジョミニの地形主義的思想は、プロシャの勃興に伴いその影をひそめ、これに代ってクラウゼウィッツの思想が登場した。加えて兵器の進歩と国際間の侵略主義的傾向がドイツを中心にこの種の思想を盛り上げた。兵数優越主義と精神力の重視は強烈なナショナリズムと相俟って多くの国々の兵制が徴兵制となり、戦時動員兵力が飛躍的に増大した。

火力による破壊力の増大は戦争を短期間に終らせ得るものと考えて、速戦即決による攻勢主義が採用された。しかるに火力主義的な攻勢主義は日露戦争を契機とし、さらに第一次大戦には重視されるようになったが、徒らに兵力の損耗と戦争の長期化をもたらすに至った。

この時代の陸軍の用兵思想はクラウゼヴィッツの流れを汲むドイツ兵学が全世界に支配的となった。モルトケの影響をうけた者の中にはブルーメの『戦略論』や、フォン・デル・ゴルツの『国民皆兵論』をはじめとしてボグスラウスキー将軍、応用戦術の父と言われるヴェルディ・ド・ヴェルノワ将軍、日本陸軍の参謀教育で有名になったメッケル等が見られ、次いでドイツの参謀総長となって所謂シュリーフェン・プランを樹てたフォン・シュリーフェン、フランスのフォッシュ将軍もまたこの流れの中に存在したと見られるが、同時にこの時代の社会的変革も激しくなり、既往の用兵をこれに適応させることの困難性もまた倍加し、ともすれば観念的傾向に走らざるを得なくなってゆくのである。

(3) 海軍兵学の一大転機

産業革命にもとづく機械制大工業の成立と発展は鋼鉄艦の出現や自動水雷、潜水艇の新兵器の実用化をもたらした。

海軍は古代から存在し、多くの海戦の歴史を持っているが、一六世紀中期以降商業資本の発達による海上貿易の必要は、造船術の進歩による遠洋航海を可能にした。これに伴って海軍戦略に画期的な時代を迎えた。しかし総じて沿岸地域の海域が主であり、イギリスを除いては陸軍の従属的存在の域を出なかった。第四期の末期頃から列強の植民地獲得競争の激化に伴い海上は重要な戦域となり、イギリス、アメリカ等の海軍国はもちろんのことフランス、ドイツ、ロシア等も海軍軍備を強化すると共に海軍兵学の研究が盛んになった。

各国の兵学思想は国情によって必ずしも共通するものではないが、大別すれば要塞を基地とする沿岸防衛的な「要塞艦隊」中心の思想と、大洋に進出して商船隊の護衛、通商破壊、敵艦隊との決戦による制海権獲得の積極的任務を持つ「現存艦隊」の思想が強くなって行った。イギリスのコロムの『海戦論』、アメリカのマハンの『海上権力史論』、『海軍戦略』をはじめとしてフランスのダリウの『海戦論』、ドイツのチルピッツ、ロシアのマカロフ等がそれぞれ独自の海軍戦略を創始した。

各国の海軍兵学の思想についての紹介は省略するが、この時代に急激に海軍兵学が隆盛となった原因について概観するに、第一に蒸気船の出現を見ることによって艦隊の行動が、風や潮流の自然作用を克服して時間的正確性を得たことである。これにより海戦においても作戦計画の正確さを期することができた。技術の進歩が海軍兵学を理論的に成立させた一面と言えよう。

第二に植民地戦争の激化を伴う帝国主義戦争時代を迎えた社会的条件からの要請に基づくものである。

海軍国はもとより、陸軍国といえどもこの建艦競争に乗り出した所以はここにある。モンロー主義を唱えてアメリカ大陸に閉じこもったアメリカ軍から後述するマハンの如き海軍兵学家を出すに到ったことはまことにこの時代を象徴するものがある。

一八九八年の米西戦争、フィリッピンの奪取、ハワイの併合、カリブ海の制覇、パナマ地峡の確保等一連の事件がアメリカの太平洋を越えてのアジア侵略の序幕であるならば、マハンの海軍戦略の登場は正にアメリカ帝国主義の開始を象徴するものではなかろうか。

(4)　革命兵学の成長

エンゲルスの革命戦略はその後の社会主義的諸革命を経て実証されつつ成長するが、その第一の継承者はロシア革命を指導してソヴエット連邦共和国を建設したレーニンによってその技術的手段が確立され、スターリンによって拡充されて行った。

革命戦略の成長は戦争と革命との一体不可分性を深めると共にこれが世界赤化政策実現のための兵学体系として資本主義諸国に大きな脅威を与えるようになった。

そもそもこの革命兵学の特色とするところはもちろんマルクス主義の唯物史観に立脚しているが、これがクラウゼウィッツの『戦争論』にヒントを得て、考え方の基本となったものはその歴史科学的な捉え方にある。クラウゼウィッツが戦争を支配する軍事的諸要因の内的関連性を明らかにしようとしたのに対して、革命兵学は軍事現象を諸々の社会現象の合則性の一環であると考え、軍備、編成、兵器、戦略、戦術等はすべて社会的な諸現象との内的関連において変化するものであるとした。つまりその時代の産業構造、人口的組成、富の程度、交通機関等の発達などが、これら軍事諸要素のあり方を規定するものとした。この意味おいて「各時代には各時代の戦争がある」と言ったクラウゼウィッツと共通の立場をとるものであるが、社会現象との連関性を考える点においてはさらに広義の兵学的捉え方であると言わざるを得ない。史観の如何に拘らずこのような考え方は時代の変動が激しくなるにつれて一層要請されなければならなくなってゆく。

(5) 技術と用兵との関係

兵器は本来戦闘のための道具であった。したがって戦術的要求に従って兵器は作られるものと考えるのが妥当である。この考え方に波紋を生じはじめたのは第二次産業革命と称せられる一九世紀の後半から二〇世紀の前半にかけての科学技術の著しい発達と生産組織の変革が戦術上の成果に思いがけない結果をもたらしたからである。

兵器の性能向上が破壊威力を増大し、しかも規格が統一され大量生産が実現されると、これらが既往の用兵思想のねらった目的とは異なった現象を起こさせるのである。

武力戦を速戦即決的に短期間に、しかも制限された地域において終熄させようとする用兵思想は巨大な破壊力を有する兵器によって目的を一層容易に達成することができそうに思われるが、結果的には長期的な大消耗戦となり、こと志に反して損害のみ多く、戦争の終結を徒らに長引かせた。このことは第一次大戦の事実が明らかに物語るが、それ以前のクリミヤ戦争（一八五三年〜五五）や日露戦争（一九〇四〜〇五）においてもすでにその傾向が見られはじめている。これはなぜなのだろうか。それは根本的には産業革命と市民革命によって著しく変革された社会的条件に対して既往の軍事思想がこれに追従し得なくなった事情に帰することができるであろう。それではなぜ軍事思想がこれに追従することができなかったかについて検討を加えて見よう。

その第一点はこの時代が一種の植民地戦争の時代であり、大規模な戦争は姿を消し、後進地域をめぐる小規模かつ単純な戦闘が頻発したことである。これは国民戦争時代のような国民一般の関心をそそるものでなかったために兵学研究の停滞をもたらし、既成の兵学を保守しておればよいとの傾向が強かった。このことは第二点として兵器の進歩が兵学に及ぼす影響に対して鈍感となるばかりでなく、反技術主義の軍事思想の傾向さえも生じさせた。この二点によって軍事技術と用兵の不均衡性と跛行性が見られる。

第三点は作戦指導の根本思想である速戦即決の思想が現実から遊離して、観念的、主観的な傾向になった。つまりこの思想を実現するための平時からの着実な戦争準備を怠り、単なる御題目に止まり易くなる。ここにおいて原則至上主義や主観的精神主義、猪突的な攻勢主義が頭をもたげてくる。

このような雰囲気のもとに各級指揮官は作戦や戦術の技術的訓練のみに専念し、軍備や科学技術に関する知識の導入を怠った。この間に新しい戦争の規模、戦域、戦闘の期間、動員兵数等が著しく増大し、勝敗を決すべき諸要因が変化して行くのである。

特に根本的な問題として国民的軍隊の規模が実質的には全国民的な規模にまで発展して行く社会的

変革に目を注がざるを得ない。これこそ「総力戦時代」への移行にほかならない。国民が兵器工場において大量の兵器、弾薬の生産にあたることは軍事的に見れば、前線に対する兵站の規模が全国家的な規模に拡大されたことを意味するものである。

戦線における軍隊の戦力はその背後にある全国民が総動員して兵器を生産する工場の支援を得て、無限に近い補充を継続しうる体制を得るに到ったため、暴力行使の無限界性が国家的規模において行われるようになり、膨大な戦闘損耗を出すに到ったことは当然である。

この問題を解決する方法は政治的諸交渉の努力にも拘らず見出すことができず、四年の長期にわたる第一次大戦の惨状をもたらしたのであるが、将来の次期戦争を解決すべき軍事上の要因として本大戦末期に現われた戦車、航空機および毒ガス等の新兵器は重要な意味を持つようになった。

このことは第一に兵器の戦闘上に占める地位が高くなったこと、第二に新兵器による奇襲的価値が再確認されたこと、第三に兵器に具備すべき機動性の再発見である。これらの発見によって戦争目的、軍隊の性格、兵器との相関性において用兵思想をどのように変革して行くかが今後の課題として浮かび上って来るのである。

主要な軍事理論の紹介

(1) アルフレッド・シュリーフェン

シュリーフェン（Alfred Grat von Sohlieffen 一八三三〜一九一三）はモルトケ、ヴァルダルゼーの失脚の後を受けてドイツ帝国の参謀総長に就任し有名なシュリーフェン計画（フランス攻略のための作戦計画）の立案者その人である。不幸にしてこの計画の実現を待たずに第一次大戦直前に参謀総長の座を退くに到ったが、彼もまたクラウゼウィッツの兵学思想の信奉者としてモルトケと共に挙げられて

シュリーフェン

いるが、両者の間には思想的に大きな違いがある。以下この点を列挙すると

(1) モルトケが常に一正面作戦で終らせることに努めたのに対して、彼は多正面少なくとも二正面作戦は止むを得ないと考え、仏露両軍の各個撃破をねらった。

(2) ビスマルクやモルトケが次期の戦争は長期戦争になることを予言したが、彼は長期戦争は経済的に耐え難いと見て短期決戦を目標として全戦略を決定しようとした。

(3) モルトケは一方面の敵に対して外線作戦をとることを方針としたが、彼は二正面の敵に対し活発な内線作戦の必要があるとした。

(4) モルトケは撃破しやすい敵をまず攻撃しようとしたが、彼は最も強大で、危険な敵を全力をあげて撃滅する必要を説いた。

(5) モルトケが外交との調節をはかることを考えたが、彼は政治家を信ぜず、武力による撃滅戦に傾倒した。

(6) モルトケが作戦計画において初期作戦を重視し、綿密な計画作戦を指導するが、その後は情況の変化に対応する情況作戦を考えたのに対し、彼は全期間を通じて緻密な計画作戦が可能であると信じた。

(7) モルトケの独断奨励に対し、彼は統制を重視し、平素の教育においても作戦思想の統一に努めた。

シュリーフェン計画は前記の思想を基礎として徹底的に対仏作戦を敢行すべく、可能な限りの兵力を西部国境に集め、敵の左翼を求めて大規模な撓回運動をおこし、パリ—西南側においてこれを殲滅し、六週間にして戦争の結着をつけようとした。

後継者小モルトケはこの案を修正、縮小して実行したが、結果的には不成功であったことは戦史に見るとおりである。彼のこのアイデアは多くの戦史研究の中から特にカンネの殲滅戦の戦例を発見し、それからヒントを得たと言われているが、火力の著しく進歩した時代にこの適用には相当な難点を認めざるを得ないものがある。

このように同じクラウゼウィッツの思想に立脚し、兵力の徹底的集中による決戦会戦の試みは観念的主観的な傾向を帯び、形式化して時代の要請に応じ難くなっていたように思われるのは、第一次大戦の経過がこれを示唆しているようである。

彼は勤勉で熱心な軍人であった。必要な武器の開発、整備に力を注ぎ、軽榴弾砲や移動式重砲を採用した。また教育訓練も徹底し、特に参謀教育には力を注ぎ、作戦思想の統一をはかる等多くの功績を残している。

(2) フェルヂナン・フォッシュ

普仏戦争(一八七〇)において敗戦を喫したフランスは、その敗因を主として軍の高等統帥の欠陥にありと自認して、一八七四年プロシヤに倣って参謀本部を改組、陸軍大学校を創設して高級指揮官の人材養成に努める等、軍制改革を行ったが、フォッシュ(一八五一〜一九二九)はその中にあって異彩を放った。彼はクラウゼウィッツの『戦争論』に共鳴し、その思想によってフランスの伝統的な兵学思想の欠陥是正をはかり、主として陸軍大学校の教育に通算一二年を費した。

一九〇三年『戦争の原則』、一九〇五年に『戦争の指揮』の二名著を書き、第一次世界大戦には終始各戦線にあって指揮し、最後は最高指揮官となった。

フォッシュ

彼が教育にあたって最も力を注いだのは、技術尊重、計数主義的なフランス軍の体質を是正するため精神要素の涵養につとめたことである。この成果が第一次大戦当初のフランス軍が苦境に耐えた大きな原因であると言われている。

以下『戦争の原則』に現われた彼の理念の若干に触れる。

その第一は攻勢主義こそ兵力を節用し、所望の時機と場所において敵に大打撃を与えうるものとして防御主義を排した。

第二は自主的行動の原則であり、旺盛な責任観と実行力および自主的判断力の必要性を強調したことである。

第三は警戒の必要を説き、これがために敵情判断において客観的な根拠を持つ情報を基礎として、徒らに敵の企図を推測するような主観的な判断を戒めた。

彼はクラウゼウィッツを師としつつも思索に偏せず、教育上の立場から実証的、合理的な科学的精神に力を注いだ。またカソリック教徒としての信念が精神要素の強調に大きな影響を及ぼしたとも言われる。

彼は戦史教育に力を注ぎ、その教育には独特の方法を用いたと言われるが、戦史こそ戦争を机上において学ぶことができるものとして戦史教育によって実践的訓練を行った。

しかし、第一次大戦において甚だしい損耗を受けたフランス軍はその後フォッシュの思想の反動として再び防御主義偏重に傾くのである。難攻不落を誇るマジノ線の構築がこれを物語っている。

彼が普仏戦争においてフランス軍の敗北以来、とかく消極、受動となって防御的傾向に陥った軍に対して精神要素を鼓吹したことによる成果を高く評価すべきであるが、火力がいよいよ増大し攻勢主義が用兵上の限界に達していた時代において、それが絶対的な要素にならなかったことは当然であったと思われる。その意味において彼の思想も時代の大きな壁を破る妙手とはなり得なかった点においては、シュリーフェンと共に古典戦争時代の用兵思想の観念的適用の範疇に入れられても致し方はないかも知れない。

(3) マハン

アルフレッド・セーヤー・マハン(Alfred Thayer Mahan 一八四〇〜一九一四)はアメリカ海軍軍人である。本書においてはほとんど陸戦を中心にしてその思想を紹介して来たが、ここで初めてマハンを通じて海軍の軍事思想に触れざるを得なくなった。それほど彼の存在とその時代の背景は軍事思想史上欠かすことのできない問題を蔵しているからである。

マハン

彼はアナポリスに学び南北戦争では北軍側にあって参戦した。その後アジアおよび南太平洋艦隊等に勤務したのち、海軍大学校に転任し、そこで有名な『海上権力史論』や『海軍戦略論』等を著述した。これら著作はイギリスの海軍政策に理論的根拠を与えると共にアメリカ海軍に画期的な変革をもたらし、さらにフランス、ドイツおよびロシアの海軍にも少なからぬ影響を与えたのである。

彼は戦史の研究において広汎を極めた。特に古代ポエニー戦争および一七、一八世紀の諸海戦の研究を通じて海上の制覇が歴史的にいかに意義が深いものであるかを体系的に調査し、これを高く評価して新しい時代の海戦理論を樹立したと言われる。

彼の理論の中枢をなすものは「海上権力」なるものの地政学的追及にある。つまり海軍戦力の基底となるものは「シー・パワー」と称する海洋そのものの持つ潜在的な政治性の発見から出発している。そして制海権を確保することが、国家政策上根本的に重要なことであるとし、これに基づいて海軍の戦略、海外根拠地の有無、商船隊との関係等に及んだのである。

彼は一九世紀に栄えたジョミニの兵学思想の影響を受け、これを海軍戦略面において発展結実させたとも言われているが、地理的要素を重視し、機械論的な傾向を持つジョミニの所論とは相通ずるものが少なくない。

例えば要点に関する地理的および戦略的な両面の捉え方、兵力の幾何学的集中、内線作戦および軍の中心位置に関する考察の仕方等には相近似するものが見られる。

マハンは「海軍の使命は海洋を制圧して制海権を獲得するにある。これがためには艦船に必要な要素は速力ではなく戦闘力であるのでこれを増強しなければならない。したがって戦艦こそが艦隊の中核である」との論理を立て従来の防御的艦隊から攻撃的艦隊への移行を主張した。大艦巨砲主義と言われる艦隊決戦こそ制海権獲得のための不可欠な軍事思想であるとした彼の理論は、またクラウゼィッツの決勝会戦思想を思わせるものがある。

もっとも一昔前にトラファルガルにおいてフランス艦隊に大打撃を与えたネルソンもまた当時のナポレオンの会戦思想を思わせるものがあったが、当時の艦船の主体は機帆船の域を出なかった。その後蒸気機関と鉄工業をはじめとする科学技術の飛躍的発達によって鋼鉄艦が出現して以後のマハンの戦略は、運行上より一層確実性のある軍艦の建造によって、一九世紀末期以降の帝国主義時代を迎えて、画期的な海軍の活躍をもたらすのである。

マハンによる前記著作が世に出たのは一八九〇年のことである。アメリカが国内戦を終り、ようやく太平洋に向って侵略戦争を開始したのが、この時期と一致していることは興味深い。その意味においてマハンの登場は帝国主義時代の開幕を示唆するものであり、植民地侵略を一層激化させる契機をもたらしたと言うことができよう。

また地理的要素を重視する兵学の一系譜が戦術的な地形主義から政治的な地理的発想へと発展し、戦略構想に大きな影響を与えると共に、戦域を海洋にまで拡大させるに到ったこと、アメリカが海洋国家としてイギリスに代って世界の超大国へと発展して行く契機となったことを考えると、マハンが軍事史上に記した功績は極めて大きいものと言わざるを得ない。

七、帝国主義時代後期（第六期）

第六期の歴史的概観

この時代は第一次大戦の終了（一九一八）から第二次大戦の終了（一九四五）に到る約三〇年足らずを対象とし、短期間ながら全世界が激しく揺れ動いた時代である。

大別してさらに次の三期に細分してこの時代の特色を概観すると、初期の一〇年は平和が回復したものの戦後の経済的混乱にはじまり、これに社会主義思想が蔓延して交戦国の経済的復興は困難を極めた。

国際的平和確立のためヴェルサイユ体制が敷かれ、国際連盟の安全保障機構の成立を見たが、本来この組織が戦勝国に有利な条件のもとにつくられたものであるだけに、多くの欠陥を蔵し、これが列強国の利害対立の原因ともなるのである。

独立をめざす各植民地は暴動を起こして本国との間に独立闘争を開始した。

この間に着々と世界的地歩を固めつつあった大国にアメリカとソ連がある。アメリカはその持てる財力をもってヨーロッパに資本を投資することにより、ますます繁栄し、各国に対して経済的なイニシアチブをとるようになった。これによって一時、経済的、思想的に大混乱に陥ったヨーロッパはこの困難を克服することができ、国内の安定を回復すると共に経済的活況を呈するようになった。

ソ連は建国の苦しみを乗り越え、産業五ヵ年計画を開始するまでに国内体制を確立すると共に資本主義諸国に対する思想攻勢に出た。

中期は一九二九年にアメリカに起った金融恐慌にはじまり、第二次大戦の直前までの期間であるが、この間の著明な事象はドイツやイタリアにファシズムが台頭し、世界再分割を目標に著しく勢力を増大したことである。

資本主義の諸列強にとって共産主義のソ連とファシズムのドイツ、イタリアの勢力増大は一大脅威となり、この三つの国家群の対立抗争は日に日に激化の道を進んだ。

全世界を襲った経済恐慌を克復するための新しい経済体制への移行は前記の戦争の脅威と相俟って、列強の軍需産業を増大させると共に総力戦体制を強化するのである。

後期は一九四〇年以降にはじまるファシズムの対外侵略と、第二次大戦への移行の期間である。

当初は英仏に代表される資本主義国に対して独伊のファシズムの武力的挑戦からはじまるが、これにソ連が参戦を余儀なくされ、さらにアメリカが加わり、これら超大国がいずれも資本主義諸国の側にあって連合体制をとり、ファシズムの枢軸諸国との間に全球的な未曾有の世界戦争となり、約五年にわたる長期の戦争が展開されたのである。

この全期を通じて見られる時代的な特色は第五期にはじまる帝国主義戦争と本質的に異なるところはないが、資本主義の高度の発達と産業革命の著しい進展が一層この性格を濃厚にしたものと見られる。社会構造的に見てこの時代はいかなる本質を持っていたのであろうか。

第一次大戦直後にシュペングラー、オルテガ、ヤスパース等の書いた著作の中から現代が技術と大衆の時代を迎えたことに対する警世的な言葉を紹介しよう。

「機械は近代の産み出した合理化の財産であり、知識と計算によって運営されるものである。それは本能や慣習ではなく、知性の創造物であるが故にそこに働く人間の労働もそれと同一の法則のもとに立ち、それ故に機械の一部になる」「大衆が支配者となった現代においては人間は大衆となることによって却って人間の変質をきたす。もはや平均的欲望が支配し、人間個人々々が喪失する。機械時代の人間の統率は必然的に官僚機構を産み出さざるを得ない。大衆の権威は人間を機能化させ人間を荒廃させる」

いささか悲観的警句と感ぜられる節も見られるが、この時代の本質の一側面を現わしている。これらは次に述べるこの時代の軍事思想を左右した技術主義や総力戦思想を考える場合に参考となる社会思潮ではなかろうか。

軍事思想の変革とその過程

(1) 古典戦争時代の終篇

俗に古典戦争時代と言われる時代は第一次大戦以前を指している。一口に言って兵器が用兵上さほど高い地位に評価されなかった時代であったとすることができよう。

科学技術の飛躍的な発達は一九世紀以降のことであるが、機関銃の出現、要塞築城の進歩等に見られるように火力、防護力の強化によって戦闘は著しく強靱性を増し、戦線の膠着を見るに到った。もはや既往の用兵思想をもってしては速戦即決が困難となり、長期戦が予想されるようになったにも拘らず、用兵研究は壁にぶちあたり、この問題を打開し得る目途がたたなくなった。それにも拘らず兵器技術の躍進に目を向ける意識が必ずしも十分で無く、かえって反技術主義的傾向さえも見受けられたのは、従来の兵器に対する関心がかつての地形主義に見られた地形要素ほど強くなく、依然として用兵上の一手段たるの域を出なかったためである。

このような事情が由来したところを考えて見るに、一つは用兵上の困難性を感じなかった植民地戦争に慣れすぎていたこと、一つは以上のような伝統的な用兵至上主義、兵器軽視の傾向によるものであったと思われる。

しかし第一次大戦の体験によって、用兵と兵器との相関における兵器の地位が極めて高くなったことを痛感するようになり、ここに述べるような技術主義的な軍事思想の台頭となり、古典戦争時代は終焉を遂げるのである。

(2)　技術主義軍事思想とは

第一次大戦において登場した兵器において刮目すべきものに戦車、航空機および毒ガスがある。

これが第一次大戦に決定的な影響を及ぼしたわけではないが、戦後の軍事思想の大変革に至大な影響を与える発想の契機となった。

戦車および航空機は共に従来の戦場には見られなかった機動力を有し、戦線突破、包囲、迂回、背面攻撃等によって膠着した戦線を崩し、運動戦を遂行しうるばかりでなく、敵国民に対し強烈な心理的効果を与えた。

毒ガスは火力には見られない戦闘損耗と心理的影響を与える恐怖の兵器であった。

これらによって技術要素こそが用兵上の重要な要素であり、この要素を中心として用兵上の構想を模索することが、技術時代における速戦即決を実現しうる所以であるとした。

これが技術主義軍事思想であり、これまでの歴史に見ることのできなかった要素が、極めて絶対的な価値をもって第一次大戦の直後に登場したのである。

その中で最も支配的な技術要素は機動力を有する戦車および航空機であるが、以下戦車の出現がもたらした用兵および軍制の大変革について述べ、技術主義なるものが軍事思想に及ぼした革命的変革の事情の一端に触れたい。

(3) 軍の機械化構想

技術主義はまず軍隊の機械化にはじまる。かえりみれば軍の主兵が封建軍隊の騎兵から傭兵軍隊の歩兵にその座を譲ってから久しい時代が続いてきた。フランス革命以後、多兵主義的な国民軍隊になっても歩兵の主兵的地位は少しも揺がなかった。火砲の著しい発達に拘らず「砲兵は耕し、歩兵は占領す」の言葉に見られるように第一次大戦までは歩兵は敵に最後のとどめを刺すべき使命を持って依然として主兵の座を維持したのであるが、技術主義の台頭によって「戦車」を軍の主兵とする「少数精鋭の専門的職業軍隊」にすべしとの声が急激に高まった。

この思想は戦車を中核とする機械化部隊を編成し、これを軍の主兵として戦闘目的を達成しようとする新構想に見られる。

ただしこのような技術部隊の建設は莫大の費用がかかるばかりでなく、運用にあたっては専門技術を要するので、短期間服務の徴兵軍隊をもって編成するわけには行かない。少数ながら職業的志願制軍隊に向って抜本的な軍制改革を行う必要が生じて来るのである。

「数百万の軍隊を殺す代りに数千両の戦車で戦争を終らせることができるならば、これほど効率的かつ人道的な方法はなかろう」とはリデル・ハートの軍機械化構想の一端を現わしている言葉である。

第一次大戦が多くの軍隊を損耗させてなおかつ長期戦となったのに、戦車部隊をもって短期間に戦闘を終らせることができるならば、たとえ多くの財力を要しても効率的な戦いを行うことができ、かつ多くの人的損耗を避けることができるから人道的な方法でもあるとの意味であり、ここに技術主義に基づく軍の機械化構想の妥当性が存するわけである。

このような発想が生れたのも近代科学技術の発達に伴って生産力が向上し、国富の増大をもたらしたことによって財力的に建設の可能性が生ずるに到った時代背景と第一次大戦による用兵面の反省に起因したわけである。

この構想は大陸国家ソ連およびドイツにおいて最も採用され、これらの軍隊は巨大な機械化部隊に改編されて行くのである。次に機械化部隊は少数の専門的軍隊をもって編成されても、これを維持するためには膨大な後方機関を必要とする。この後方は単なる軍の兵站に止まらず、国家的な兵站体制の確立によってはじめて可能となる。それは国民による機械工場における労働力と施設への依存にほかならない。

したがって機械化部隊の軍事力の増大に伴ってその人員の何十倍かの国民が工場においてこれが支援に任ずることになり、後述する総力戦体制の確立を必要な条件とすることになる。

(4)　機械化部隊をもってする用兵構想

機械化部隊はその踏破力をもって敵前線を短期間に突破しうる物理的能力と戦略的機動力を発揮して敵を包囲、迂回し、技術的な急襲を可能ならしめる心理的能力を有するので戦略的効果に発展させることができる。そこで第一の用兵目的は敵中深く侵入して敵の指揮中枢を攪乱することにより敵国軍隊の交戦意志を挫折させることに向けられる。しかしこのような能力を有する部隊を使用する最終のねらいは、戦略的により一層効果的な方向に向けられなければならない。それは敵国軍隊の交戦意志の挫折に次いで敵国の政治、経済の中枢に戦力を指向して敵国の戦争意志を放棄させうるような間接的アプローチの戦略をとることになる。これこそが機械化軍隊使用の本命であるとする。正に用兵思想の革命的変革と言うべきである。クラウゼウィッツは敵国の交戦意志を挫くためにまず敵野戦軍の撃滅をはかることを軍事目標としたのであるが、新しいこの思想は従来の軍事作戦のルールを飛び越え、非戦闘員に心理的な圧力を加えるのであるから道義的には問題が残る。

したがってこの構想が生れた当時は批判の声も高かったのであるが、後述するような総力戦体制が一般的となって戦闘員、非戦闘員の区別がつけ難くなるにつれて次第に肯定されるようになって行った。

(5) 総力戦体制への移行に伴う軍事思想

技術主義的軍隊の近代化は必然的に軍需産業を盛んにせざるを得なくしたが、これに拍車をかけたのが世界的な経済恐怖であり、失業救済のために各国が政策的にもこの方面の産業に力を傾けた。したがって国際関係の険悪化と併行して列強の多くは軍国化の道を進むと同時に総力戦的体制への移行を促進させたのである。

総力戦とは本来必ずしも国家の総力を武力戦のみに傾注するものとは限らない。国家の総力を挙げて戦争を行う意味であり、武力と共に経済、思想外交、文化等あらゆる非軍事手段をも併用して戦争目的を達成することにあるのであるが、全世界が軍国化への体制を推進して行く時代の空気に押されて武力戦中心の総力戦へと傾斜して行くのである。

第一次大戦の経験に徴して戦争指導機構は大幅に整備されるが、政治と軍事との関係をいかに律すべきかについても多くの論義が交わされた。

ドイツのルーデンドルフは『総力戦論』において「政治は戦争指導に追随すべきである」とし、フランスのデブネーは「戦争指導において政治は戦略を指揮する」と述べる等、クラウゼウィッツの『戦争論』で言うところの「戦争指導はその大綱において政治そのものにほかならない」に対しそれぞれの国情に基づく様々な見解が見られた。

今日一般に言われている「戦略」はもはや過去に見るような作戦的な意味のものではなくなっている。総合戦略、国家戦略、軍事戦略等新しい概念が誕生するようになったのは、総力戦時代を迎えて既往の概念では戦争指導上の戦略体系を考えることが不適当となったからであり、もはやこの頃からリデル・ハートやフラー等によって提唱され政軍関係を統合する戦争指導機構のあり方が重要視されるようになったのである。

軍の機械化構想は兵制的にみて職業軍隊、志願兵制への全軍的移行をとると思われたが、総力戦的体制の充実に伴い国民軍隊や徴兵制が復活し、用兵思想もまた兵数主義や精神要素が重視されるようになり、また機械化軍と従来の歩兵中心の軍隊が共存するようになり、各国共に膨大な軍備を持つようになって行ったのである。

本期の当初に芽生えた技術主義的軍事思想はこのようにして総力戦体制への移行に伴って、変容されて行くのであるが、従来の地形的要素、精神的要素、物理的要素等もまた新たな時代を迎えてそれぞれがこの時代の用兵思想の形成に重要な役割を演ずるようになる。これらが総合されて現代的な持久戦略と決戦戦略となって成長するのであるが、前者は概して海洋国家に、後者は大陸国家において見られ、第二次大戦における連合国側と枢軸側の主要な戦略となって現われる。

また社会主義国革命を成功させたソ連は伝統的な持久戦略に修正を加えて、革命的精神要素を駆使して果敢な決戦を交えるようになって行った。

(6) 地政学の台頭と軍事思想への影響

『地政学』とは地理政治学の略称で、自然と人文とを合体させた特異な学問体系であり、当初は帝国主義戦争の大義名分を理由づけるのに利用された政策的傾向が強かった。このような学問的発想が生じたのは、科学技術の著しい発展が世界を物理的に縮少させると共に、従来それほど考えても見なかった大自然のもつ人文的価値が問われるような国際関係を迎えたからであると思われる。これは軍事的要因としてよりも政治的な国家の総合戦略の構想樹立に貢献した。その地政学の誕生に直接的な動機をもたらしたものは前節に述べたマハンの制海権思想の根拠となったシーパワー（海洋力）の概念である。彼が大自然の海洋の持つポテンシャルな政治、軍事力に着目した点では海洋型の地政学創始者と言えよう。それはやがて大陸、次いで大陸・海洋の接際部、さらには空域への地政学的発展をもたらした。

「ハートランド（ユーラシア大陸の中心部）を制するものは世界を制する」と称してシーパワーに対してランドパワーの持つポテンシャリティーを論述した英国のマッキンダー（一八六一～一九四七）や「リムランド（大陸周辺地域）を制するものは世界を制す」とした米国のスパイクマン等の説は純学術的な研究の成果として見るべきものがある。しかしその後ドイツのラッツェル（一八四四～一九〇四）は生存圏論を、スウェーデンのチュレーン（一八六四～一九二二）は自給自足論を、またドイツの参謀ハウスホーファー（一八六九～一九四六）は統合地域論を展開し、これを自国に都合のよい政策論の手段とする独善的傾向に走らせた。これがために地政学は似非学問とも非難されたが、本来はよりアカデミックで、かつユニークな学問である。したがって第七期以降になると陸・海・空の三域にわたって真面目な研究がアメリカをはじめ各国で盛んになり、国家戦略はもとより軍事面においても、戦略戦術上において活用されるようになって来ている。

かつてクラウゼウィッツが戦略の一要素として地理的な要素を挙げているが、この要素を重視した軍事思想には各時代を通じて一連の系譜が見られる。すなわち絶対王朝時代の地形主義兵学、国民戦争時代の高等地学、帝国主義時代のマハンによるシーパワーの発想が、総力戦時代を迎えて戦略に地政学的な捉え方を導入したと見ることができる。

(7) 第二次大戦の特異な様相

第二次大戦は技術主義的軍事思想と総力戦的戦争構造が、特異な戦場の様相をもたらした戦争である。それは陸・海・空の全領域にわたって戦いが繰り拡げられ、しかもこれら各域の戦いが統合されたところにある。

独立空軍による戦略目標に対する大規模な空地にわたる攻防、数千両に上る巨大な機甲軍相互の激突、陸・海・空の三軍が統合し、あるいは連合して上陸作戦を敢行する等、すべて三〇年前の第一次大戦においてさえも見ることのできなかった未曾有の様相を呈したと言えよう。

いわんや大戦末期に原子爆弾が発明され、現実に投下されたことは、もはやこのような大戦争は将来地球上から完全に消滅されるのではないかとさえ思わせるものがあった。

総力戦が国家の総力を結集しての戦争であるかぎり、国家の興亡を賭けた絶対的戦争の様相と言っても過言ではない。世界の列強が悉く戦争の渦中に投入され、勝利か敗北かの二者択一以外に選ぶべき道がなかったことは、第一次大戦当時の国際環境との著しいちがいであった。

敵国政経中枢部に対する無差別爆撃、焼土作戦、捕虜や非戦闘員に対する大量逆殺等が各所において行われたこと、講和条件として戦勝国が敗戦国に無条件降状を強要したこと、あるいは戦後処理として戦勝国が戦敗国の戦争犯罪人を摘出して一方的に裁判を行ったこと等は正に絶対戦争を裏づけるに足るに十分な事象である。

かく見ればクラウゼウィッツが『戦争論』で述べた絶対戦争とは戦闘の本性上から見た抽象的概念でしかなかったのに、第二次大戦は総力戦の戦争のスケールにおいて具体的な現実として戦争史上に記した類稀れな近代の絶対戦争ではなかろうか。しかもこのような結果をもたらした因子こそは技術主義軍事思想を生み出した兵器の絶対性と、総力戦的国民意識の熱狂性にあったと思われる。

リデル・ハートの軍事理論

(1) 兵学家としての功績

リデル・ハート

リデル・ハート(B. H. Liddell Hart 一八九一〜一九七〇)は近代西洋軍事思想の偉大な創設者の一人としてクラウゼウィッツ、ジョミニ、マハン等と並び称せられる第一級の兵学理論家であり、特に大陸国家の軍事思想に対抗する海洋国家の伝統的思想を継承し発展させた点で特色を持っていた。

特にその顕著な功績とも言えるものは、第一次大戦の結果に徴し、将来戦は機甲戦になるであろうと予言した先見にある。つまり従来用兵家にとってとかくなおざりにされていた技術的要素が、科学技術の発達に伴って重要な要因となったことを洞察して具体的な軍事思想を提起したことである。しかも彼はこの発想を発展拡充し、これを戦略および戦術の面において、「間接的アプローチ」の思想として展開した。

その意味において彼の軍事思想は現代の技術重視の時代における諸々の軍事思想を集約、統合したものとしてその功績を高く評価することができよう。

(2) リデル・ハートの略歴

英国人としてケンブリッジで歴史課程を学んだ彼は、一九一四年イギリス軍の軽歩兵連隊に入隊、中尉として第一次大戦に出征し、一九一六年ソンム会戦でガス傷を受けて入院、一九二七年健康上の理由から軍を退き、その後一市民としてその全生涯を軍事研究に捧げた。

退役の年『近代軍の再建』を著述。一九二九年から三五年まで軍事記者として活躍し、この間ブリタニカ百科辞典の軍事および戦史についての編集を行った。

一九二九年『歴史上の決定的諸戦争』を著作したが、これは後の『戦略論』の前身をなすものである。

一九三七年~三八年には陸軍大臣の顧問として陸軍の改革に参与した。一九三九年『英国の防衛』を著述、一九四一年以降各種軍事評論を執筆、一九四七年~四九年に『英国戦車隊史』を書き、一九五一年には『西欧の防衛』を、一九五四年には彼の最後の力作である『戦略論』を著わし、間接戦略の重要性を説いたことで有名である。

軍人としての経歴は以上のように壮年の初期までであるが、その後英国の著名なジャーナリストとして軍事問題に専念し、自由、闊達な所信を発表して世界の軍事界に大きな影響を与えた。

後述するイギリスの将軍フラーとは親交があり、これがため両者の思想には相近似するところが少なくない。

(3) 『近代軍の再建』に見る主要な思想

(1) 第一次大戦における西部戦線の膠着状態を二度と繰り返さない道は騎兵の復活以外になく、それこそ戦車による戦略機動であるとした。

（注＝機関銃の出現によって攻勢が頓座し、砲兵火力をもってしてはこれを打開し得ず、さりとて過去の騎兵による決勝的打撃力もその役割を果し得なくなった）

(2) 戦車は大量に集結使用することによって新たな騎兵的役割を果しうる。

（注＝戦車は歩兵の従属物ではなく軍の主兵として使用されなければならない。交戦中の敵の翼側または背後連絡線に向って決定的な機動を行うことにより戦争を支配する新たな用兵術が誕生する）

(3) 戦車における国家の目標は我の最小限の人的、経済的損失をもって敵の抵抗意志を屈伏させることである。

敵の抵抗意志を屈するには軍事的手段のほかに多くの非軍事手段があるが、その中でも経済的手段は最も素晴らしい可能性を持っている（非軍事手段の重視）。

(4) 軍事的手段のみについては、彼我両軍相互の殺戮は最も愚かなやり方で、一撃によって敵軍の抵抗を麻痺させるような急所を衝くべきである。その急所とは快速戦車の大群をもって直接敵司令部等通信連絡の中枢を襲撃することである。

（注＝敵の統帥部が真の軍事目標であり、戦闘部隊そのものでないとの理解は、当時の固定概念の殻を破ったものである）

(5) さらにその可能性を開発する兵器として航空機が現われた。航空機は敵軍の頭上を飛び越え、直接敵の抵抗意志の根源に打撃を与える。この激烈な空襲は一般国民の抵抗意志を瞬時に奪ってしまうかも知れない。

以上の如くリデル・ハートは敵軍でなく直接敵の抵抗意志の本源を叩き、かつ最小の費用でその目的を達すべきことを強調した。そしてこれがために軍を戦車および航空機によって機械化しなければならないとしたのである。

(4) イギリスの伝統的軍事思想との関係

イギリスは海によって欧州大陸と隔てられているが故にその地理的環境は、ドイツ、フランス、ロシア等大陸諸国のような接壌《せつじょう》国とは趣きを異にしている。戦争は大陸諸国にとって、より切実な危険を賭けた決死的事業であるのに比べて、イギリスは近代以降海外に多くの植民地を獲得しているので、敢えて大陸において火中の栗を拾う必要には迫られていない。したがって自国にとって引き合わない戦争には手を出さず、最小限の支出によってその目的を達成するような打算的傾向が見られた。

リデル・ハートの次の主張はこの種のイギリス式の戦略思想をよく反映しているものと認められる。

「戦争は国家の正常生活を確保するため最も短く、最も代価の少ない断絶で終らせなければならない。我々は自己の生命財産の最小の犠牲で、かつ最短期間に敵の抵抗意志を破るべきである。この見地からすれば、敵の野戦軍を完全に殲滅することは必ずしも我々の不可避の目標ではない。目的は敵の意志を屈服させるにある。したがってその手段としては戦場における敵軍の撃滅以外に、封鎖、外交、政治、人口中心地に対する爆撃のごとき各種の行動がある。だから我々はその各々の長所を計量し、その中で最も適切で、かつ最も経済的なものを随意に選択すればよい」

また一九三七年の軍事評論には次の意見が端的に述べられている。

「(1)、イギリスはその強大な海軍力と植民地の膨大な資源とをもって海上封鎖と経済戦を行い、大陸内の軍事義務を極力制限すること。(2)、大陸の陸戦においては厳に防勢戦略をとること。(3)、フランスによって敵(ドイツ)の進撃を阻止し、イギリスの大陸派遣部隊は最小限に止め、しかも高度の機械化部隊を戦略予備として控置すること」

以上で推察しうるように第一次大戦直後の彼の軍の機械化論は第二次大戦を迎える頃にはイギリスの伝統的戦略と一体化して、それを発展して行ったように見られる。

彼の軍機械化の構想はついにイギリスにおいて理想通りの実現を見ず、ドイツ、ソ連等大陸諸国家において受け入れられ、第二次大戦において華々しい機甲戦が行われた。このことからも陸軍戦力を軽視したイギリス国軍の政策が窺われよう。

(5) 『戦略論』と『戦争論』との比較

リデル・ハートの名著『戦略論』(一九五四)はしばしばクラウゼウィッツの『戦争論』と比較される。それはリデル・ハートが、しばしばクラウゼウィッツの思想を批判しているように思われるからである。

その批判の論点と見られる点は主として戦略の面であった。

クラウゼウィッツが敵野戦軍の主力に対して鉄槌を与えてこれを打倒することを唯一絶対の方法であるとしたのに対して、リデル・ハートは牽制、遮断、威嚇等の手段によって、敵と真向から衝突することを避け、敵の神経的中枢である指揮、連絡を麻痺させることによって交戦意志を挫くべきであると強調し、これを間接的アプローチと称した点にある。この思想は軍事面に止まらず大戦略面においても一貫しており、さきに述べた『近代軍の再建』を基礎として発展させた思想である。

ただこれだけで両者の思想が全く対立したものであると見るのはいささか早計である。第一にそれぞれの書が世に出た時代の背景の相異、第二に執筆者がイギリス人とドイツ人との相異にあることをまず前提としてチェックしておく必要がある。そして第三にリデル・ハートの体験した第一次大戦まではクラウゼウィッツの流れを汲むと言われたドイツ兵学の全盛期であり、ヨーロッパ諸国がこれに大きな影響を受けていたこと、第四にはそれにも拘わらずドイツは第一次大戦において敗北を喫したこと、第五には速戦即決を旨とする戦争が五年にわたる長期消耗戦となり、前線の多くは膠着してしまい、用兵思想が一種の壁にぶちあたったこと等への反省である。以上を考慮に入れて両者を比較する必要があると思われる。

しかしながら文中においてリデル・ハートはクラウゼウィッツの考え方に大いに共鳴している部分の多いのを認めざるを得ない。特に政治と戦争、政治と軍事との関係についてはクラウゼウィッツを絶賛している。

その反面リデル・ハートの思想を強調しようとする面においてのみクラウゼウィッツへの反論が試みられているが、注意深く読めば、それはクラウゼウィッツ思想への反論と言うよりも、クラウゼウィッツの思想を継承したと言われる後世のドイツ兵学者の誤謬をついている面を発見するのである。

後世のドイツ兵学の誤謬とはリデル・ハートの見解によればクラウゼウィッツが樹てた抽象的概念としての「絶対戦争」および理論の進め方における「思想の二重性」の難解さを遠因として、後継者達がこの理論を新しい時代に適応させる道を誤ったことによる、としている点である。つまりその誤謬とは総力戦の時代を迎えてドイツはかつてクラウゼウィッツが戦争の本性とした暴力の無限界性が、実は軍事行動としての戦闘の本性にあったのを拡大解釈して政策的な絶対戦争と解したこと、武力による敵野戦軍の打倒をもって唯一の軍事目標達成の手段であるとし、物理的効果を挙げることに専念し、心理的効果を忘却したかの如く考えたこと、またこれが全面戦争に発展させる原因をつくり、制限戦争の成立を不能としたこと等が指摘されているが、これらは必ずしもクラウゼウィッツそのものの思想としては該当しないが、後継者の誤解として見ればあり得べきことである。

およそ革命家と言うものは信念と情熱をもって過去の思想を時代遅れの陳腐化したものとし、これを過去の亡霊の如く罵倒する。特に戦勝国のイギリス人が現状認識に立って敗戦国を思想的にたたくことは説得性のある効果をもたらすものである。

リデル・ハートの思想の発想の動機が、航空機等の近代的機動兵器の出現によることは前に述べておいたとおりである。それはあたかも鉄道、戦車、電気通信等の軍事的利用によって、外線作戦を見事にやってのけたモルトケの発想に類似するものがある。共に機動力に目をつけて軍事行動における戦略的用兵に画期的な時代をつくったと言えよう。

ただリデル・ハートは彼の思想を軍事上の用兵に止まらず、大戦略の分野にまで発展させたところに相異が見られる。これも総力戦の特色が濃厚になった時代背景を無視して考えることはできない。

以上述べて来た限りにおいてリデル・ハートの戦略思想とクラウゼウィッツのそれとは本質的に変るところを見出すことはできない。もし違いがあるとすればモルトケとクラウゼウィッツとの相異に見られるようなものではなかろうか。つまり時代の著しい変革に伴うクラウゼウィッツの思想の発展的適用から見られる具体的な技術手段の変化がこのような相異を感じさせたと言うべきではなかろうか。

リデル・ハートが産業革命の飛躍的な前進に伴って、技術のもつ戦略上の重要な要素を発見した功績は大きい。これはクラウゼウィッツが市民革命の生んだ国民の戦闘的情熱を戦略上の重要な要素として着目したのと比較される。

しかし注意すべきことは一つの点を重視することによって逆に他の面に悪影響をもたらす場合が生ずることである。彼が大戦略において敵国の内部を麻痺せんとした思想が、第二次大戦において彼の道義的政治観に反して無差別爆撃となって具現されたように、思想の後継者は後にしばしば現実的な誤りを犯し易いものである。

その他の軍事理論

(1) ドウエの空軍戦略

イタリアの空軍将校ジュリオ・ドウエ（Giulio Douhet 一八六九〜一九三〇）は一九〇九年に『制空とその獲得』という論文を発表して独立空軍の重要性を予言した。大戦間イタリアの戦争指導に痛烈な非難を行い投獄されたことがあるが、一九二一年『制空と将来戦』を発刊して制空思想の普及に尽くした。

彼は航空兵力は敵の抵抗力の源泉そのものを撃砕して、短期間に戦争を終結に導き得るものであると説き、戦略目標を敵国内部に指向せよと力説した。

この思想は陸上、海上共に作戦上困難な立場に置かれていたイタリアが、その活路を空に求めざるを得なかった地理的条件を反映して生れたものと見られる。しかし非戦闘員たる住民を対象とした奇襲攻撃は、道義的には目的のために手段を選ばないマキアベリズムとして非難されるところとなったが、その後の総力戦的様相に対処して空軍の地位を高め、軍制、技術、用兵の各分野にわたって彼の思想は大いに世界の軍事思想に影響を及ぼした。

アメリカにおいてはミッチェル、セバスキー等による独立空軍論が盛んとなり、ドイツ、ソ連等もこれに呼応するようになったが、第一次大戦直後の技術主義台頭期に提起したドウエの発想は第二次大戦には完全に結実するのである。ドイツの本土爆撃やアメリカの日本本土焼土作戦の思想的源泉こそドウエにあったと言えよう。

(2) フラーの機械化軍構想

一九一八年英国軍の戦車隊参謀長をつとめたフラー（J. F. C. Fuller 一八七八〜一九六一）は、第一次大

J. フラー

戦後軍の機械化による近代化についての諸論文を発表した。以下述べるところは一九三二年に出された『野外要務令第三部に関する講義—機械化軍の作戦—』の要旨であるがこれに盛られた思想が諸外国、特にドイツ、ソ連の軍事に及ぼした影響はまことに大きかった。

(1) 工業時代においては軍は機械化されなければならない。

(2) 歩兵を主としていた農業時代の軍隊は過去のものとなった。工業時代における軍の支配的因子は機械化された軍隊すなわち装甲戦車隊または自動車化歩兵部隊である。

(3) これらの部隊は広汎な機動戦の形式を採り、かつその構成員たる個々の兵士の創意が最大限に発揮されるような専門的技能を必要とする。

(4) 機械化に要する費用は莫大であるが故にその規模には自ら限界がある。戦場においては数千両以下の戦車によって闘われるであろうが、それは従来の数百万の兵士によって闘われる場合に相当するだけの効果がある。

(5) 機械化は高度の訓練を要するので、軍は平素から専門化、職業化された少数精鋭の組織となるであろう。

(6) 軍の機械化に伴い、戦争の目標は敵の野戦軍を撃滅することよりも、むしろ敵国民の士気または抵抗意志を破砕することに向けるべきである。

(7) 航空機と戦車とは相互に補足し合うべき兵種であってそのいずれの一方を欠いても有効では

ない。

(8) 発煙の効果は対戦車火器の威力を減殺させるので、装甲と煙とは互に補足し合う防護要素である。

以上に見るように、フラーの説は将来戦は機械化部隊が従来の大衆軍を駆逐し去るであろうとの見解に立つものであるが、第二次大戦は必ずしもその通りの実現は見られなかった。しかし、彼の思想の一般的方向は正しかったと見ることができよう。つまり戦車はますます戦場の主兵的地位を占めつつあること、集結使用の決定的打撃能力、航空との緊密な協力による戦場の支配等は第二次大戦が如実にこれを教えている。

(3) ルーデンドルフ

ルーデンドルフ（Erich Ludendorf 一八六〇〜一九三七）は、一九一四年ヒンデンブルク大将の参謀長として東部戦線においてロシア軍と戦い、有名なタンネンベルクおよびマズール湖付近の戦いにおいてかがやかしい戦果をあげた。

ルーデンドルフ

彼は鉄十字章を持つ騎兵大佐の子に生れ、知力も実行力も自信も抜群であり、戦術面においては敵味方を通じて最もすぐれていたと言われるが、軍事以外のことについては能力的に限界があった。それにも拘らず大戦の後半はよき政治家を得ない状況の下で独裁的な参謀長としてよくドイツ軍を統率して長期間の戦争を続けた。大戦後彼は『国家総力戦論』を著述したが、その中で「戦争は国民生存意志の最高の表現であり、したがって政治は戦争に奉仕すべきである」と述べている。この思想は彼が師としたクラウゼウィッツの「戦争は政治の道具である」の考え方を逆転させたが、総力戦をほとんど軍が独裁しなければならなかった彼の深刻な体験が生んだもので、ドイツ人の伝統的な軍国主義的体質と彼の主観的な個性の強さを感じさせるものがある。戦後列強諸国は総力戦に対応する自国の戦争指導機構の充実整備をめぐって、戦争指導と政治との関係について種々論議が交わされていたときであっただけに彼の投じた波紋は大きかった。

戦後の一九二三年ヒットラーはルーデンドルフを利用してミュンヘンに一揆を起こさせて政権掌握を企図したが未然に発覚し、これがためにルーデンドルフはその場で捕縛され、その政治生命を閉じた。

(4) ゼークト

ゼークト（Hans Von Seeckt 一八六六～一九三六）は大戦中マッケンゼン将軍の参謀長として東部戦線に功績を挙げ、最後の参謀総長として終戦を迎えた。

ヴェルサイユ条約によって過酷な軍備制限を受け一〇万人の国防軍の再建にあたるのであるが、戦後はワイマール共和国、国防軍の統帥部長としてその昔シャルンホルストがプロイセン軍の再建をはかったように、幹部教育による能力の向上に力を注ぎ、当初の混乱期には国内の政治問題からは一切中立的立場を保持して精鋭な近代軍の組織の充実をはかった。

彼は、連合軍側のきびしい要求もあって余儀なくされたわけであるが、兵数主義の用兵思想を捨て、全陸軍を一〇万の職業的精鋭軍と、全国民を資源とする大衆予備軍による有事態勢を構想した。つまり職業的精鋭軍をもって敵国に侵入してその死命を制し、大衆予備軍をもって自国領土の防衛や占領地の確保に任ぜしめようとするものである。

彼はクラウゼウィッツの思想の信奉、継承者の一人であるが、リデル・ハートやフラーと同様新時代における技術の価値を認め、これに適応した柔軟な思考をもって臨んだ。

彼の著書には『一軍人の思想』をはじめ『ドイツ軍の将来』、『国防』、『モルトケ』、『ドイツ外交の方途』等の名著があるが、政治と戦争、国家と軍、軍および軍人の本質、戦争の技術等に関して深い思策に立つ堂々たる見識が見られる。

彼はまた国際監視の目を逃れるため、ソ連領域内に兵器の製造工場を設置し、ひそかにソ連との軍事的協力を結び、戦車、航空機等の新兵器の研究開発を行い、またソ連軍に招かれて戦術指導に当った。これがため赤軍の組織がドイツ式に近似したとも言われている。

晩年彼はまた中国の軍事顧問として蔣介石に招かれ、クラウゼウィッツの兵学思想を紹介し、同国にこの種の研究を盛んにしたと言われる。ワイマール共和国時代に彼が精魂を傾けて錬成した国防軍は、その基礎が確立していたために、ヒットラーの時代となって急激な軍備の大拡張計画に即応し得たと言われる。

八、第二次大戦以後（第七期）

第七期の歴史的概観

この時代は所謂現代に属するので、いつまでを第七期とすべきかを明確にすることができない。特に軍事思想史的に見ると、この中でもいくつかの変換期が見られるにも拘らず、現代が歴史のカテゴリーの中で確認されていないからである。したがって一応今日に到るまでを第七期として概観することにしたい。便宜上この期を次のように三つに区分する。

前期　戦後の混乱期　　一九六〇年頃まで

中期　安　定　期　　一九七五年頃まで

後期　経済的不況期　一九七五年以降

前期は戦後の経済的疲弊に伴う列国の社会的混乱が、政治、経済、思想の各面において第一次大戦後のそれと勝るとも劣らぬ状況を呈していた。その中で特筆すべきことは、第一に米ソ両大国間に亀裂が生じ、所謂冷戦時代を招いたことである。ソ連が近隣諸国の赤化工作により衛星国家を増大しはじめたことによって、米国をはじめとする自由諸国家にソ連に対する不信感と警戒心が生じ、このため世界は自由・共産の両陣営に二分し対立するようになった。ドイツ、朝鮮半島およびベトナムはこの両勢力の角逐の焦点となってそれぞれが二分された。

この間に米ソ両大国はそれぞれの陣営を強化しつつ、自らは核兵器の増大をはかり、超大国に成長し、両陣営のイニシアチブを採って行った。戦争は朝鮮半島を除いて小紛争に止まったが、米ソが一触即発の危機をはらんだ中において諸々の諸政策によって辛うじて均衡がはかられていたのでこれを「冷戦」と称した。

第二は終戦直後に植民地から独立した諸国家の中で、両陣営のいずれにも中立的態度をもって臨む国家群が誕生し、これらが俗に第三世界と称せられたことである。

混乱期にのぞんでアメリカは主としてその経済力を駆使して西欧自由諸国の経済復興（EECの創設）を行うと共に、対ソ防衛のためにこれら諸国の力を結集して NATO を結成した。ソ連は自ら産業五カ年計画の回を重ねつつ経済、軍事力の強化をはかると共に衛星諸国家との間にコメコンおよびワルシャワ条約機構によってそれぞれ経済および防衛の体制を固めた。

米ソ両国間の戦争の危機は一九六二年のキューバ事件を頂点として緊張が緩和の方向に向うのである。

中期は先進諸国家の経済復興が成り、引き続いて驚異的な経済の高度成長期に入り、戦前に勝る繁栄を迎えるのであるが、この間の主要な特徴は第一に後進地方に諸国家の民族的独立がアジアおよびアフリカを中心にして続出し、国連加盟国の数が一躍増大するが、ここに新たに「南北問題」がもち上って来た。先進国の顕著な経済的発展は後進諸国家側から見れば先進諸国の新たな植民地主義によるものであるとして経済的格差の不満が増大したので、先進、後進両国家間の調整が重要課題となった。

第二は米ソ以外の先進諸国家においても核開発が進み、イギリス、フランス、中国等が核兵器を保有するようになって、所謂米ソの政治的二極化が、多極化の傾向を帯びはじめた。これと同じ頃に共産圏の中国がソ連との間に対立的関係を生ずるようになった。

第三は米ソ間は政治的には一応緩和の傾向にあるが、核軍備の拡張競争は一層激化し、軍事的にはますます二極対立の度を深め、ソ連は後進諸国に向い経済および武器援助に関し、政治、経済的な攻勢を加えると共に海軍力を増強して各海洋に進出を開始した。ベトナム戦争、中近東戦争はそれ自体は民族戦争または小国家間の紛争であっても、米ソの両超大国の支援のもとに行われる代理戦争の観を呈した。

後期は、はじまったばかりであるが、経済の繁栄と共にその背後に潜んでいる将来への不安として、人口爆発、食糧、石油等の資源の涸渇に関する問題が認識されはじめたが、一九七五年の所謂石油ショックを契機として世界的な経済不況が深刻になって来たことである。

その上に前期以来、世界的課題として生じた「東西問題」、「南北問題」および資源問題はそのいずれもなんら解決されないままに時を追って深刻化しつつあることである。

軍事思想の概観

(1) 兵器、技術の軍事的価値の著しい向上

現代の戦争を種類別に区分するやり方で過去においては見られなかったパターンが見られる。それは核戦争、通常戦争およびゲリラ戦争の区分である。従来の戦争目的や原因等による区分以外にこのような使用兵器の質的区分による分類の仕方が最も通俗的に呼称されるようになったのは、兵器の種類が戦争の様相をいかに変え、しかもその様相を多様化しているかを実感的に物語っている。このことは軍事思想を形成する要因の中で従来さほどでなかった兵器の地位が相対的に著しく向上したことを示すものと言えよう。ここに科学技術時代における軍事思想形成の特色と現代的意義がある。いかなる兵器を主用するかは、その国の財力と文明度等によって分けられる。超大国、中大国の先進国によっても異なるであろうし、またこれらの複雑な順列組み合せによって著しく多様性を帯びているのが現代戦争の特色である。軍事思想から見ても国家が保有する兵器の質的、量的な装備が軍事諸制度や用兵思想に及ぼす影響もまた過去に比べると極めて著しく敏感になってきたことも着目すべき重要な点である。

特に兵器が体系化されるに伴って兵器体系が軍事思想を左右する度合は一層強くなったことは大きな特色と言わなければならない。

(2) 軍隊および諸制度の変化

軍隊の性格およびその諸制度は主としてその時代の社会構造や国民的意識の変革に伴って変化して来たことは過去の歴史において見るとおりである。

第一次大戦後軍隊は機械化による専門的職業化の傾向を持つ反面、各国のナショナリズムもまた著しく昂揚し、総力戦体制のもとに熱狂的な国民軍隊化を呈したことは既に述べたところであり、徴兵制と志願兵制が軍事制度において共存していた。

しかし第二次大戦後は戦争反対の輿論に影響されて一時は軍備縮少の傾向が強くなり、かつ機能的社会への移行に伴い軍隊の職業化、志願兵制への転換の声が高まるようになった。

さらに社会意識一般の方向は戦争の主役を担っていた軍隊のあり方について様々な問題を投げかけはじめた。参戦や徴兵を忌避する声が強くなり、軍隊の規律も社会的風潮に抗し切れず緩和の方向を辿る傾向さえ見えはじめ、軍隊と社会との間にはその生活環境の格差が縮小して行った。

また編成上から見れば各セクションの機能化、専門化が促進され、軍隊が全体として見る限り、個の兵器を中心とする単体の有機的な集合体として一個の機械的存在となりつつある。軍隊の社会的有用性が問われて政治的問題の一つとなって来たことは、新しい時代を迎えての軍隊そのものの使命や役割が抜本的に再検討されるべきことを示唆しているもののように思われる。

(3)　「軍事戦略」概念の新たな登場

「戦略とは戦争目的を達成するために戦闘を使用する仕方である」とはクラウゼウィッツ以来軍事的用語として使い慣らされて来た。今日とてもこのような概念が消滅したとは言い切れないのであるが、第一次大戦から第二次大戦にかけて総力戦時代を迎えると、国家の最高レベルにおいて戦争を計画指導することの必要性が生じ、これに伴って戦略の意味はかつての「政略」の概念に近似するようになり、政治レベルにおける最高の国家施策として平戦両時を一貫し、全国力をもってする総合施策の概念に使われるようになった。「大戦略」とか「総合戦略」、「国家戦略」の語が使われるようになったのもこのような事情による。

このことに伴って既往の戦略という意味に近いものに「軍事戦略」がさきの「総合戦略」等と区別して使われるようになった。しかしこの「軍事戦略」は軍事力の運用に関しては既応の「戦略」と類似しているが、これに加えて軍事力を建設し、管理する軍事行政の分野までをも含めた概念に変化している。したがって「軍事戦略」の役割は総合戦略の一環としてこれを補助し、部分的総合戦略たるの地位にあると考えざるを得ない。このように戦略の概念が体系的に整理され、各種の戦略が区別して使われるようになったことは、社会変革に伴う戦争指導組織の分化と統合現象によるが、軍事戦略概念の登場は兵学の研究分野を一層広汎多岐なものにしたことになる。

(4) 戦術思想の傾向と支配要因

戦争が使用する兵器によってその様相を著しく異にし、多様化してくると、それぞれの様相に対応する用兵思想も多様化の傾向をとらざるを得なくなる。特に戦術分野においてしかりとする。

さらに注目すべきことは兵器技術の優越如何が用兵上の重要な要素となったことである。それはかつての兵数優越主義に代って技術的要素が用兵の支配的地位を占めたことである。

第三にこのような技術主義的な用兵のメカニズムは細分化と共に統合化の傾向をとる。すなわち諸兵種相互間のみならず諸軍種の統合に関する用兵が戦術、戦略の両面に登場して来た。

我々は近代の初期から約五〇〇年間にわたって用兵思想の主要な変遷を辿って来た。しかし現代においてはこれらの諸思想がことごとく噴出して一切が止揚されようとしている。それは特に前項の軍事戦略の面において、これらがいかなる内容をもって止揚されなければならないのかの段階に入ろうとしているのを痛感させられるのである。

第一次大戦の終了をもって古典的用兵時代の終了であるとすれば、新時代の用兵思想は正に兵器、軍制との相関に止まらず、より広汎な社会現象との総合的連関の中において形成されなければならないであろう。

(5)　二種類の絶対戦争の共存

はじめに「絶対戦争」とは申すまでもなくクラウゼウィッツが『戦争論』の中で使用した抽象的概念の戦争であることをことわって置く。

しかし現実的にはこの抽象概念に極めて近似した様相を呈する苛烈な戦争がなかったわけではない。

つまり宗教的情熱やナショナリズム、その他政治的、社会的なイデオロギー等によって盛り上った国民軍が憎悪に燃えて対敵意識を発揮するような場合には、あたかも戦争が本来の政治性を失ってしまったと思われるような喰うか喰われるかの絶対戦争的様相を呈したことは、第一期の宗教戦争以来特にフランス革命以後において、しばしば見て来たところである。

このように見ればクラウゼウィッツがこれらを頭に浮かべながら「絶対戦争」と称する抽象的な概念を論理の上に登場させた事情も理解できるようである。

このような様相をもたらした主なる原因は、彼が戦略的諸要素の中で特に重視した精神要素の昂揚と見ることができるが、当時としてはそれは軍隊の行動の中に限られていた。ところが総力戦の様相が顕著となった第一次大戦以降になると、この種の絶対戦争的な様相は単に軍隊の戦闘の領域に止まらず、国家的、国民的領域にまで拡大して見られるようになったので、正に文字通りの絶対戦争に一層接近したと言ってもよかろう。

さきに第二次大戦の特異な様相、戦争指導のやり方、戦後心理等について述べたものはこのこの辺の事情を物語るに足るものがあったと思われ、また現代の後進国が独立のために闘って来たものにも見ることのできる一面である。精神的要素をもって第一種の絶対戦争の原因であるとすれば、現代においては次に述べるような第二種の絶対戦争の原因ともなるべきものがある。それは技術的要素によるものである。

申すまでもなく核兵器をはじめとする諸々の兵器技術の著しい発達であり、もしも核兵器が大量に使用されるならば、第一種以上の文字通りの絶対戦争になることは必至である。この種の戦争を防止するために戦争抑止の戦略が特に超大国間において懸命にはかりめぐらされているのが現状である。

この意味において現代は二種類の絶対戦争の可能性を共存させていると言うことができよう。

(6) 戦略思想の系譜

核の出現が戦略思想に大転換をもたらすと共に戦争の概念をも変革させたことは今までにしばしば述べて来たところであるが、米ソ超大国の核戦力の充実と均衡がある程度の状態に達しかけてから基本的な総合戦略として、この絶対戦争の因子を制御するために作り出されたものは戦争抑止の戦略と、制限的局地戦略である。これらは戦争の危機をいかにして回避するか、止むを得ず回避し得ない場合においてもその被害を最小限に、またその地域を限られた範囲に止めることを目的とするもので戦争状態に入ったらいかにして戦うかと言う従来の態度とは全く異質な考え方である。これは近代初期絶対王朝時代の持久戦略と外形上相通ずるものがある。

このような戦略思想が生じたのは、(5)項で述べた核による絶対戦争に対して生れたユニークな戦略思想の一系譜である。

ところが他の一つの系譜がある。それは中国をはじめとする後進国に見られる総力戦的な革命戦略である。

すなわち一国民ばかりでなく他国民との連帯によるイデオロギー中心の絶対的戦争を推進助長するためのものである。核兵器による抑止ないし制限的局地戦略が防勢的性格のものであるのに対し、革命戦略は攻勢的性格を持つ。

また前者が心理的、牽制的であるのに、後者は物理的、暴力的であることはまことに対照的であるが、この二種の戦略の系譜が存在していることは現代戦略の特徴的な系譜と言えるであろう。

抑止戦略は概して先進諸国に、革命戦略は後進諸国に用いられる傾向が強い。

前項で挙げたようなリデル・ハート、ボーフル、ソコロフスキー等に代表される抑止戦略に対し、革命戦略には、毛沢東、ゲバラ、ボーゲンザップ、パレスチナゲリラに見るような戦闘的なものがある。

昨今全世界を騒がせているわが国をはじめとする各国の過激派グループの戦略を前記の中で考えることは時期的に尚早であるか知れないが、一種の革命戦略の変形として見ることもあながち無理であるとは言えまい。

(7)　軍事研究の動向

今日はあらゆる分野の研究において学際的プロジェクトの研究が盛んとなっているが、軍事研究と雖も決してその例外ではない。

このことは従来軍事プロパーとされていた分野が他の分野と密接な関係をもつようになったことと、プロパー分野が広汎多岐に分化されて細分化された機能が、全く別のプロパーのそれと相共通するものを持っていること、および個々の現象が社会現象全体の影響を受けていることの深い認識から生じたものと思われる。

兵学の研究領域はもはや狭義の範囲においてこれを専門化させてゆくことがその意味と効果を失い、広義の範囲で捉えようとしない限り、その時代に即応した専門化をはかり得なくなっている。これは社会構造の大変革がもたらした結果、必然的にこのような傾向を辿らざるを得なくなったものである。

時代の転換期においては、しばしば本質的な問題が問われるときがある。その点で今までに述べて来た軍事思想形成の重要な要素であった用兵思想は政治戦略の面において、軍事制度は軍隊そのものの性格や有用性において、また兵器は科学技術の基本において再検討され、戦争もまた政治現象のみならず、あらゆる社会現象を通じてその本質が問われようとしている。学際的研究の必要が生じたこともこれとは無関係ではない。

軍隊の幹部はもはや戦術能力の向上練磨をはかるために広汎な知識と深い思索を怠っていては時代の進運に即応し得なくなって来ている。

かつての高等兵学と称せられていた大部隊の戦術（大戦術）、軍制、兵器は今日においては軍事戦略、軍隊、軍事技術のレベルにおいて研究されなければならなくなっている。

それはイギリスのリデル・ハート、フランスのボーフル、ソ連のソコロフスキー、アメリカのテーラー等の軍人の所論に見られる通りであるが、同時にアメリカのマクナマラ、キッシンジャー等の政治家やハンチントン、ジャノヴィッツのような社会学者等の研究や実践活動と不可分の関係にあることに注目すべきである。

以上の研究動向を述べたことは、従来軍事プロパーと考えられていた領域はどうでもよいという意味ではない。これらに正しい方向を見出すための研究努力の必要性と現状を認識せんがためのものにほかならない。

第二表　近代西洋軍事思想の時期別比較

期別	時代区分		歴史上の特色	戦争様相	用兵思想　戦略	用兵思想　主要素	軍隊・制度	兵器・技術	海・空等
1	宗教戦争（二〇〇年）	古典戦争時代	地理上の発見、ルネッサンス、宗教改革	長期戦争	未発達		傭兵隊、封建武士団	銃砲類の登場、築城技術	海戦の復活
2	絶対王朝（一五〇年）	古典戦争時代	啓蒙君主、産業革命（英）、植民地拡大、アメリカの独立	持久戦争	機動戦略	数学的要素、地形的要素	職業的常備軍、傭兵制度、小数兵力	火力による破壊力の漸増、築城技術・攻城技術	
3	フランス革命ナポレオン戦争（三〇年）	古典戦争時代	市民革命、近代国家誕生、植民地戦争	決戦戦争	殲滅戦略	有形的要素、精神的要素、統計的要素	国民的常備軍、徴兵制度、多数兵力	火力による破壊力の増大、交通技術	機帆船時代の終焉
4	国民戦争（五〇年）	古典戦争時代	メッテルニヒ体制、諸国民の独立、植民地戦争、産業革命	決戦戦争（短期制限）	〃	地形的要素、精神的要素	国民的常備軍、混合兵役制度	火力の激増、工兵技術（築城、交通、通信、爆破）	鋼鉄艦の登場
5	帝国主義前期（五〇年）	古典戦争時代	第二次産業革命、植民地戦争、社会主義革命	決戦戦争（長期消耗）	〃	地理的要素、精神的要素	国民的常備軍、徴兵制度、多数兵力	同右の一層の激化	新海軍戦略の登場
6	帝国主義後期（三〇年）	現代戦争時代	大衆時代、ファシズムの台頭、世界再分割	決戦戦争（長期消耗）総力戦	〃	技術的要素、精神的要素、地理的要素	専門・国民両用、混合兵役制度、少数↓多数	同右、機動突破、空中破壊力	空軍の誕生
7	第二次大戦以降（現代）（三〇年）	現代戦争時代	米・ソ超大国の出現と冷戦、経済高度成長、植民地独立	冷戦、ゲリラ戦	抑止戦略	超技術的要素、精神的要素、地理的要素	専門化、志願制化、小数化	大量破壊力、長距離機動力、組織技術	核ミサイルの誕生

九、総力戦の立場から見た軍事思想の変遷

近代総力戦の生起とその特質

軍事思想の変遷についてこれまでは近代を各時期に細分して、それぞれの時代の歴史的背景のもとにその特色を述べて来たのであるが、以下は戦争の構造上から総力戦の様相を基礎として軍事思想の変遷を縦割りにして概観して見ようとするものである。

もっともこれらについては各個所において触れて来たので、敢えて節を設けて説明することは重複の嫌いがないでもないが、このような視点から一貫してまとめてみることは、近代軍事思想を理解するために重要なことと思うので、既往の説明を補備しつつ整理紹介する。

文中において総力戦という表現を使用したのは第一次大戦以降であったと記憶するが、総力戦の実態は実はヨーロッパに市民革命が勃発した一八世紀末からすでにはじまっているのである。

換言すれば国民が自我に目醒め、国家意識に燃えはじめてからの戦争は、ことごとく総力戦のカテゴリーにおいて観察することができる。その観点からすれば近代そのものが総力戦から出発したと見てよいのであるが、第二期まではその準備時代として未成熟であったので、ここでは第三期以降を辿って見ようとするものである。

総じて言えば武力戦が政治の手段として重きをなすようになり、武力戦の手段が社会的規範から離れて独走的な原則を持ちはじめたことである。これによって喪失した大きな社会規範とは道義であ

り、特に戦闘が既往の道義と訣別して、一種の必要な社会悪として黙認されるようになったことである。

第三〜五期

第三期に現われた戦争の特色が決戦戦争であり、用兵的には敵野戦軍の撃滅に向けられたことはすでに述べておいたとおりであるが、この時代に正規武力戦以外の戦争手段として経済封鎖とゲリラ戦が見られたことは特異な現象であろう。

経済封鎖は敵国軍隊の糧道を絶つだけでなく、敵国国民生活をおびやかす戦略であり、英仏が相互にしのぎをけずった経済戦略の一つである。ゲリラ戦はロシアやスペインに見るような民衆の武器等による敵の正規軍への武力抵抗として採った戦術の一つであり、共に総力戦の一断面を覗かせている。戦争が軍隊相互の武力戦であるとするルールを崩して国民戦争へ移行した最初の現われである。

経済封鎖は政略に属するが、道義的に見れば既往の戦争ルールの一大破壊であり、ゲリラ戦においては正規戦の場合よりも暴力の根がはるかに深く、権威への挑戦と既成法規の違反が讃美された点においては市民革命の落し子として決戦戦争と同質のものであった。

第四期に入って国民戦争時代に顕著な総力戦的様相が見られたものにはアメリカの南北戦争がある。産業構造を異にした南北両州の間に生じた約六年間にわたる血みどろの内戦は、保守と革新の一種のイデオロギー的な対立の文明戦争であるが、両軍の採った戦略戦術はさきの経済戦争ばかりでなく、心理戦争の手段まで混入させた残虐苛烈な戦争に終始し、所謂手段を選ばない全市民戦争であったことはナポレオン戦争をはるかに上廻るものがあった。

社会革命の理論的指導者エンゲルスが既応の兵学を広義に拡大したことは、世界革命を総力戦的基盤の上に載せようとした試みとして見ることができる。
一八七〇年の普仏戦争においてドイツ軍の侵入を悩ましたフランス狙撃兵の出現は、戦争直後コンミューンとして知られる同胞相喰む恐しい闘争の組織へと発展し、フランス自体を悩ます事態となった。

心理戦そのものは古来から存在していたのであるが、総力戦の時代に入って政治的なイデオロギーが国民の心を捉えるようになってからは思想戦の形態を顕著にした。それは次の五期以降戦争指導上に重要な地位を占めるようになるのである。

第五期に入って後進諸国が植民地の独立をめざして既成の大国に対して起こした武装蜂起は、ボーア戦争(一八九九)や第一次大戦中英人ローレンスによって指導されたアラビア人の行動に見られるように、弱者の武器として地形を利用した心理的、政治的な闘争の意味が強い。

この点では一九一八年のロシア革命における革命軍の行動も同様であり、かつ、より組織的に行われた弱者の戦法として正規軍を苦しめた。ゲリラ戦は少数の人員によって遂行されるが、地理的要因と、多数の国民の支援によって成立し、大衆の支持が大きければ大きいほどその効果が大で、その場合には彼らの目的を達成することが容易となる。

また第一次大戦に見られるように、正規軍による武力戦も兵器・装備の近代化に伴い、兵站的に見ても総力戦の形態をとらざるを得なくなり、国民のナショナリズムの昂揚と共に国民の総動員となって一層総力戦の様相を顕著にした。

このことはナポレオン戦争時代の軍隊による決戦思想を一躍国家レベルの決戦戦争へと拡大させるので、総合的な国家戦略が登場し、戦争指導機構が国力のすべてを組織運用するように整備されて来る。これは第一次大戦の末期項から顕著となって行ったのである。

このようになると戦争目的達成のプロセスは、軍事目標の達成によって敵の交戦意志を挫くことから飛躍して、軍事目標自体が敵の野戦軍の撃破よりも敵国民の交戦意志の打倒に向ってダイレクトに結びつく方向に走るようになるが、これは第一次大戦を契機として急激にその傾向を増大して行くのである。

第六〜七期

近代的機械化軍の誕生は本来速戦即決をねらったものであったのにも拘らず、戦争における総力戦的性格の増大がこれを不可能にさせて、好ましくない長期戦となったことはすでに述べてきた通りである。一方において先進諸国における軍隊の近代化は、それ自体の物理的威力と共に心理的威力として政治、外交の道具となり、牽制、脅威等の効果をもたらす度合が強くなり、戦争における武力の間接的使用の価値が増大して行った。

これと同時に経済、宣伝、謀略等の手段が武力戦に併行して活発になる。

近代化に遅れた国々は先進諸国の絶対的武力が強化すればするほど弱者の持つ武器による戦略を開発して特異な防勢的対抗手段を開発してゆくのである。

ドイツ軍に対して抵抗したユーゴスラビアのチトー、対日戦略における毛沢東の指導したゲリラ戦は既往の小規模のゲリラ戦とは異なり、大戦略としての政治性を十分に具備したものとして画期的な時代をつくった。

先進国といえども、ドイツをはじめイギリス、フランス等において、第五列と称する攪乱部隊を敵中に投入して民衆の反乱を煽動し、かつこれを育成する戦争政策をとっている。

核の出現がその当時戦争理論として全面戦争を物理的に不能にしたと考えられたことは正しい。次いで核の持つ巨大な物理的威力が、心理的効果において戦争の抑止力として作用するとの政治理論にとって代った。リデル・ハートは「もし核兵器が抑止力として維持されるのでなければ、核威力の使用は戦争を意味するものでなく、大混乱を意味するものとなる」と言って混乱状態の継続は戦争ではないとしている。

それにも拘らず核抑止力はすべての戦争に対してことごとくが抑止効果を発揮するものではないことが実証されるようになった。

現に第二次大戦以降に勃発した在来型の局地戦争やゲリラ戦はその跡を絶っていない。むしろ核兵器による全面戦争回避の度合が高くなるほど、広汎な局地侵略の戦争の可能性を増大させていることの事実を直視しなければならない。

このことは総力戦時代が消滅していないどころか、その新しい総力戦戦略の時代がはじまったことを説明しているものにほかならない。

アルジェリアをはじめとし、キューバ、ベトナム、中近東のゲリラ戦および在来型戦争を見聞した我々は、在来兵器への依存性への期待と、ゲリラ戦方式の戦略の発達した意味を旧来の用兵原則から離れて、再度現代的社会背景の中から見直すことを迫られているのである。

以上の如く総力戦の進行は武力戦の形態の変化を伴いながらますますその激しさを加えつつ、戦争そのものの概念さえも変えつつあることを認めなければならない。

その原因は申すまでもなく、科学技術の著しい発達と人類の政治意識の昂揚の両面が相互に関係し、作用し合って増幅されて来た結果にほかならない。つまり端的には物理的超破壊力の出現と、政治イデオロギーによって武装された国民的情熱の相関が、いかなる結果をもたらすかを考えなくてはならない。

これが戦時と平時、戦闘員と非戦闘員の区別を消滅させる結果をもたらすと共に、軍隊をもってする武力戦のほかに経済的、思想的な非軍事力をもってする政治手段の重要性を一層増大させるようになったのである。

戦争はむしろ軍事力を背景とする経済戦、思想戦と言った今日の政治戦争の本質を明確にしたと言ってもよかろう。

その間にあって国内外の法秩序や道義をいかに維持して行くかが重要な政治的課題となりつつある。

軍事思想といえどもこのような総力戦的戦争構造の中にあって、既往の思想の連続性に立脚して新事態に対処する非連続面の創造が切に要望されるのである。

十、近代西洋軍事思想がわが国に及ぼした影響

西洋との軍事的かかわり

わが国が西洋の軍事思想の一端に接したのは、一六世紀の半ばにポルトガルを通じて鉄砲を輸入したときにはじまると言ってよかろう。当時この武器と共に西洋の軍制や用兵面の影響を受けた形跡は極めて少ないが、戦国の武将はこれによって軍制や用兵を自らの創意によって変革させている。

江戸時代に入るや、幕府の鎖国政策により、洋書による西洋軍事思想の普及はほとんど行われなくなった。島原の乱（一六四〇）の直後に北条氏長が幕府の命を受けて、大砲の製造や製作をオランダ

人から学んでこれを翻訳したものの記録は残されているが、それ以降は幕府の禁制によってこの種の研究はほとんど行われなかったと言ってよいであろう。

一八世紀の末期頃からわが国の北辺に外敵の出没を見るや次第に国防論が勃興し、次いでオランダの洋書を通じて西洋の軍事思想を学ぶ者が増加し、幕府もまたこれに真剣に取り組みはじめた。

西洋兵学との出会い

所謂「西洋兵学との出会い」はアヘン戦争(一八四〇)の情報が入り、米露等がわが国に通商を求めて来た頃からであるが、わが国の西洋兵学摂取の基本的態度は西洋の近代技術に向けられたので、まず兵器の製造と製作技術の修得からはじめられ、次いで軍事制度の採用に及んだが用兵思想の摂取は最も遅れた。

これらは蘭訳書を通じて学習されたが、その内容は西洋各国のものから採り入れた関係上、特に兵器類は規格が多様化し、その後統一性ある軍備を整える必要を生じて行った。

かくて幕末から明治維新にかけて兵器、軍制および用兵等万般にわたって、陸軍はフランス、海軍にあってはイギリスを師として学ぶように統一されて行った。

西洋兵学書の翻訳、留学生の派遣、外人教師の招へい、外国への実地偵察旅行のための軍部高官の派遣等は明治維新後はますます活発となって行った。

最も遅れていた用兵も主としてフランスの革命以後における三兵戦術の導入によって訓練された。ナポレオン時代の戦史、クラウゼウィッツの『戦争論』等は幕末には洋書によって読まれているようであるが、どれほどに消化されたかは定かではない。

普仏戦争(一八七六)においてドイツが大勝して以来、ドイツ兵学が全ヨーロッパを風靡したことは前に述べたところであるが、わが国の陸軍もまたフランス兵学からドイツ兵学の採用へと政策的移行が行われるのは明治一〇年代以後（一九世紀末期）のことである。

旧陸軍と西洋兵学との関係

わが陸軍がこれによってドイツ一辺倒になったわけではなく、当初は独仏両兵学が併行された。ドイツの用兵、軍制、フランスの基礎技術と言った傾向は、教育面において陸軍大学校がドイツ式用兵、士官学校がフランス式各種補助学を主としたことによっても窺われ、外人教師の招へいはドイツ人、フランス人が最も多かった。

桂太郎、川上操六の外遊によるドイツ軍制面の摂取と、モルトケの推薦したメッケル少佐の指導による陸大の用兵教育の成果はまことに大きく、日清、日露の戦役はドイツの軍事思想が最も強く反映したものと言われる。

近代のドイツ兵学が実際的教育の伝統に輝いていたように、わが国でもこれを受けてメッケルの指導による現地戦術や図上戦術による即物的、実際教育の成果は極めて大きなものがあり、これがわが陸軍諸学校における戦術教育法として定着し、伝統となり、現在の自衛隊に到るまでその原形が継承されている。

旧陸軍はその後進性のために教育のみならず軍事の各部門にわたって広く西欧列強の軍事思想をとり入れるため、将校はそれぞれ独仏露英支の各外国語を学び、相当数による留学生を派遣し、また各国派遣の駐在武官を通じてその情報の収集に努めた。

このように西欧列強の軍事思想依存の姿勢は、その後進性によるものと言わざるを得ず、旧陸軍の全時代を通じて強かったが、明治の末期からわが国独自の軍事思想樹立の気運が次第に高まって行った。

　第一次大戦は前に述べて来たように、全世界的に軍事思想の大転換を余儀なくさせたが、わが陸軍がこの転換に際して自らの体質を変えることが十分にできなかったのは次の理由による。

　その第一は総力戦的様相を濃くしてゆく将来の戦争に対処しうる戦争指導機構の確立が、帝国憲法の改正を要するものであるところからその実現が阻止された。他方、時代の変革に伴う戦争指導や戦略研究の必要はとみに増大したのにも拘らず、その意識が一般に低調であったこともまた指摘されなければならない。

　その第二は新時代に即応するための軍備の近代化、改編を断行し得るだけの国家の財力と基礎的な技術能力の欠如が挙げられる。

　その第三は過去の両戦役に勝利した心のおごりが西洋依存と西洋軽蔑の相矛盾した間にあって、西洋思想の真面目な現実的研究を遅らせ、わが陸軍が独自で創造しようとする軍事思想はとかく観念的な方向に向うのであった。

　かくて西洋思想に立脚して、二度の戦役に勝利し、国際的に強国となったわが国の陸軍の辿った道は、作戦、戦闘を対象とする戦術面に集中され、その方法、手段に慣熟することのみに専念して行った。例えばソ連を陸軍が第一の仮想敵国として戦争準備に熱中したものの、多くは対ソ戦法に止まり、広く軍事思想の本質に迫るような兵学的研究に乏しかったことはその顕著な例であるとされている。

　また大東亜戦争に突入し大部分が対米戦争に終始したのにも拘らず、アメリカ兵学に関する事前の研究がほとんどなされなかったばかりか、対米戦闘法が陽軍大学校において真剣に研究されはじめたのは、わが軍が敗戦に傾きかけた昭和一八年以降のことでしかなかった。

これらを西洋の軍事思想との関係において見れば、西洋のそれを受けて近代化の道をとりながらも、その本質的な研究において影響されることが少なく、形骸の摂取に止まってしまったと言っても過言ではなかろう。

このような影響にしか止まり得なかったところに将来に重要な問題点が残されたものと思われる。

陸上自衛隊と西洋兵学との関係

陸上自衛隊はその発足の経緯からアメリカ兵学の摂取をもってスタートした。次いで旧陸軍の体験した貴い教訓を取り入れ、わが国独自の軍事思想を創造すべく鋭意努力を続けて来ているのは、明治時代の陸軍の歩んだ過程に類似する一面が見られる。

ただし西洋兵学が一九世紀末から二〇世紀初頭にかけてドイツ兵学が一世を風靡《び》したのと異なり、現代では、大陸国家と海洋国家に見る地理的環境のちがいをはじめとし、共産圏と自由圏に見るイデオロギー的なちがい、先進国と後進国に見る文明の進度、財力等の格差、超大国と中大国との国力の差等によって西洋兵学のパターンは広汎多岐にわたっている。

特異な政治環境下にあるわが自衛隊がこのような多面性的な西洋兵学を参考としながら、独自の軍事思想を形成して行くためには相当規模の基礎的研究と、情報の組織を必要とするのではなかろうか。

十一、近代西洋軍事思想の歴史的考察（本章のまとめ）

本章のまとめにあたり

狭義的に見て軍隊・兵役制度、兵器技術および用兵思想の三つの側面の相関関係を軍事思想の全体として捉え、各時代ごとにこれらの三つの側面の相関性と、これに影響を及ぼしたその他の歴史的環境との関係において軍事思想の変遷を辿って来たのであるが、なお重要な若干の問題が残されていて避けて通ることのできないことに気がつくのである。

その第一は所謂「落ち穂拾い」に似たものである。これを補備とするにはもったいない内容で節として取り扱うべきものかも知れないが、紙面の都合もあるので次に列挙する問題を項として捉えることにした。

(1)　軍事思想に影響を及ぼした地理的環境と民族性
(2)　軍隊の変遷
(3)　兵器技術の変遷
(4)　用兵思想の変遷

(1)は歴史的変遷を重視し、これをマクロ的に述べたために、地域的、文化的特性についての特異性を補備する必要を生じ、(2)および(3)は用兵思想の形成に影響を及ぼした主要な要因の変遷についてこれを各要因ごとに個別に取り扱うことによって補備しようとするものである。

そして第二はこれこそ本章における最終的なまとめとも言うべき筆者の結論である。つまり軍事思想を構成する中心的存在である用兵思想に焦点をあてて、その変遷を考慮し、この間を通じて近代西洋の中に流れている用兵思想の系譜らしいものを見出そうとするものである。

つまり、これまでの用兵思想の研究は各時代の特色に力点を置いて、他の諸要因との相関において成立して来た意味を捉えようとしたが、ここでは用兵思想自体が長い歴史の過程においていかなる変化を遂げて来たかを、その内的要因を中心にして系譜的に整理して見ようとする試みにほかならない。叙述された軍事史に筆者の主観的考察を加えることには問題があろうが、軍事思想史は一種の理論史であり、理論そのものの観念的抽象性を取り扱う限りにおいてなんらかの考察を加えることは、序章の冒頭に述べておいた通り重要な意義を有するものと考え、敢えて本章のまとめの最後に掲載したわけである。

軍事思想に影響を及ぼした地理的環境と民族性

「パリにはパリの、ブラッセルにはブラッセルの軍事理論がある」とはフォッシュの言葉であるが、軍事思想に変化を及ぼす要因には大別して二つの環境があり、一つは時代であり、他の一つは地域の特性である。我々はこれまで主として時代的環境の推移からこれをマクロ的に見て来たのであるが、地域的環境については余り触れてこなかった。地理的に大陸国家と海洋国家、また民族性からはそれぞれの国家の特性があるように、この観点からの伝統的な軍事思想についてその特色を少しでも認識しておくことは極めて重要なことであると思うので、これらについて若干の補足をしておきたい。

(1)　地理的条件について

近代を迎えて地理上の発見が西洋諸国に文化的にも、経済的にも著しい繁栄をもたらした。特に海洋に面する国家はイタリア、ポルトガル、スペイン、オランダ、フランス、イギリス等に見られるように海路によってヨーロッパ以外の地域との貿易を行い、また植民地の獲得によって巨大な富を得た。これらは軍事的に海軍を主戦力として国威を宣揚した国が多く、その最も代表的なイギリスは海洋国家独特の政策の反映として、ヨーロッパ大陸内において相接壌《せつじょう》するロシア、ドイツ、オーストリー、フランス等の大陸国家とは対照的な軍事思想を形成して来た。

この両者を戦略的側面から端的に比較するならば、イギリスに代表される海洋国家は政治、外交、経済等非軍事力を主とし、軍事力特に陸軍をもってする武力戦を極力回避することを伝統とする所謂間接戦略的な政策をとって来た。これに比べてドイツに代表される大陸国家は軍事力特に陸軍を強化し、武力戦をもって戦争指導の主要な手段とした決戦戦略の傾向が強いと見ることができる。

クラウゼウィッツの軍事思想が主としてヨーロッパ大陸諸国の陸戦戦略や戦術に影響を及ぼしたのに対して、フランスのジョミニの思想が海洋国家、米英の海軍戦略や大戦略に影響を及ぼしたことがこれを物語っている。海軍の軍事思想においてもアメリカのマハンとイギリスのコロムの思想が近似しているのに比べて、ロシアのマカロフやドイツのチルピッツ等の思想とは明らかな相異が見られるのもこの辺の事情による。

(2) 民族性について

各国の民族性もまた多くは地理的環境の影響下に形成された人間の文化的所産の一部であり、基本的には前記の海洋国家と大陸国家の対比のわく組の中で捉えるべきものであるが、そのいずれの国家を取り上げるにしてもそれらに属する諸々の民族国家には独特の考え方や感情が醸成され、これを背景とする軍事思想にも著しい相異が見られる。

大陸国家に例をとればば相近接するロシア、ドイツ、フランスのそれぞれの兵学思想には相互の影響を受けながらも独自のものが見られる。これは政治、文化、思想等の文化的環境に伴う個有の民族性から影響されたものと見ることができよう。

普仏戦争や第一次大戦に見られたとおり、フランス兵学は概して現実的で緻密な計数を基礎としているのに比べ、ドイツ兵は学観念的でしかも大胆さを感じさせるものがある。

またフランスとドイツの軍事思想の比較においても、同じクラウゼウィッツの軍事思想に共鳴したと言われるフォッシュとシュリーフェンとはその思想の継承、適用の仕方において相異が見られるのは両国人の民族性に起因するものが少なくない。

正にフォッシュの言う「パリにはパリのブラッセルにはブラッセルの兵学がある」は民族性の相異を通じて各国家独自の軍事思想が生れるべきであることを物語っている。

わが国は明治の初年以降主としてドイツ兵学を通じて独自の軍事思想を形成したが、ドイツの勃興過程から見れば、地理的条件においても民族性においても両国の間に著しい相異のあったことについて当時の日本の関係者の間にどれほどの関心が払われていたであろうか。余談ながら次にドイツ兵学の背景となったものに触れて参考に供したい。

フランス革命のころ、プロシヤはまだ相対的に後進的国家であり、封建的名残りが強く貴族の勢力が強かった。そこでフランスが市民革命を民衆の力によって克ちとり、民主的軍隊を創設したのに対してプロシヤは上からの革命によって軍制改革を行い民兵を創設した。この場合プロシヤは「国家があってこそ国民がある」との立場に立って「国軍の存在は国家の存在に優先する」との思想により軍事力を強化し、所謂軍国主義の軍隊を建設し、特に陸軍の最高統帥部に強大な権力を樹立してドイツ帝国の統一を果したのである。

このようにドイツ、フランスは民族性に基づく異なる文化的条件下において異なる道を歩いたのである。

ついでながらロシアに触れると、鈍重なロシア人がナポレオン戦争においても、第二次大戦においても共に緒戦においてこそ敗れたが、広大な領土を活用して大規模な消耗作戦を行いつつ後退し、最後の勝利を得た戦史は、その地理的条件と民族性をよく現わしている。日露戦争においてクロパトキンが「予定の退却」と称して後退したのも伝統的なロシア兵学を思わせるものがある。

ロシア革命以後ソ連がドイツ兵学の影響を受けて、攻勢的、決戦的な思想を鼓吹したことは一九三六年の「赤軍野外教令」発刊以来今日に到るまでの軍事ドクトリンから窺うことができるが、それにも拘らずこの伝統的な消耗作戦の思想は生きつづけていることに注目しなければならない。

軍隊の変遷

近代西洋の軍隊は封建制武士団と傭兵隊の混合した小規模の状態からスタートした。

封建制武士団とは国王や諸侯が君臣の道義的人間関係で結ばれた小数の貴族集団であり、遊牧民族の皆兵的な小数集団に類似した秩序を有する騎馬団として主として個人戦闘を行った。経済の発達に伴い、国王が自己の経済領域の拡大のため戦争を必要とするや、傭兵隊によって軍事力を増強する必要を生じた。傭兵隊とは戦争を職業とする無頼者の集った集団であると共に小銃や大砲を保持する徒歩者の集りであった。国王は必要に応じてこれと金銭的な契約を結び、不要となればこれを解除した。

時代の変遷と共に傭兵隊が強大となり封建武士団が影をひそめて行くのは、傭兵隊の雇用が相対的に安価で、かつ集団戦闘に適していたからである。しかし無頼の徒と外人部隊によってできていた傭兵隊は忠誠心がなかったので、国王は軍隊を戦闘に参加させ、その戦闘により政治的野望を果すよりは、外交の手段として示威的に使用することを主とした。

これがために軍隊を常備することは国王の権威を象徴するものと考え、財力ある国王は自らの常備軍を設け、兵舎に集団宿泊させて、厳重な規律のもとに訓練を行いその精強をはかった。しかしその兵数には財力的にも、統率能力の面からしても限界があることは止むを得ざるところで、三〜四万程度を越えることはなかった。

国家も、軍隊もすべて国王のものである限り、それは国王個人の利益のためのものである。経済の発達と市民意識の盛り上りによって国王のとった国家体制とこれを護持する軍隊は、市民の利益と相反するようになり、政治革命に発展するに及んでその体質を大きく変革させた。

アメリカの独立戦争、フランスの市民革命に見るように、既往の軍隊は崩壊して共和制国家における国民軍隊が誕生した。これは軍隊の抜本的な革命でもあった。

この軍隊が既往の傭兵制常備軍と本質的に異なる点は、(1)、国民の必任義務による徴兵軍隊であること。(2)、したがって服務期間は短期であるが徴兵に応じて多数の兵員を召集することができ、しかも傭兵よりも安価で集め得るので国の財力に影響するところが少なかったこと。(3)、忠誠心に燃えているので安心して戦闘に使用することができ、かつ逃亡兵を監視する必要がなくなったこと。(4)、戦闘技術は未熟で損耗が多くても容易に補充ができたこと。(5)、戦力の縦深を維持するために、予・後備の兵役制を設けることができたこと等が挙げられる。

しかし成立の経緯が市民革命によるものであるので、兵士が情熱的で、自主積極性を持つ余り、ともすれば軍隊の秩序維持がむつかしく、時にはこれが国家自体を揺がすような自壊作用の種にもなりかねない欠陥を内蔵する。ナポレオン戦争はこのような軍隊によって闘われたので、その後は反動作用として国民軍隊は一時著しく制御されたが、やがて国民戦争時代から帝国主義時代に向うにつれて国民軍隊の性格は復活を見、予・後備兵制がとられ、かつ歩兵を主兵とする多兵主義が採られた。

産業革命の進むにつれて精巧な兵器が出現したことが動機となって軍隊の機械化が叫ばれるようになった。これは戦車の出現および歩兵の自動車化にほかならないが、これによって国民軍隊の本質に変化はないが、軍隊の専門化、現役服務期間延長の必要が生じ、徴兵制と共に志願制の職業的専門軍隊の併存を見ると共に少数精鋭主義が台頭した。

第一次大戦の頃から戦争様相が総力戦的傾向を帯びるようになり、高度の国防国家体制がとられるようになると、少数精鋭主義と多兵主義が併用され、徴兵制は一段と強化された。

第二次大戦以降、軍の機械化は一層進み、軍隊そのものが一つの機械となり、各組織が機械化されて行った。

核の出現、戦争忌避の輿論等により総力戦的国家機構は多くは解体し、軍隊は一職能として存在することの意義が認められるようになって再び専門的職業軍隊の性格を強め、志願兵制度による長期服務の傾向が見えはじめている。しかし自由圏の先進国家はもとより、全体主義的社会主義国家や後進諸国等の現況を見ると大部分はそれぞれの理由により、徴兵制を採用している国家の方が概して多い。

おしなべて今日の軍隊には幾つかの変化のきざしが見えはじめている。軍隊を常備することの可否、兵営生活における規律の緩和、兵員の良心的参戦拒否の受け入れ等がこれである。

これらは社会的構造の変化、国際的な戦争構造、戦争の罪悪感等様々の要因が醸し出す国民意識の変化によるものであるが、軍隊が今後いかなる道を辿るかは現実と理想との均衡の上に行われるものと思われる。

今や軍隊は戦争のための手段と言う立場ばかりでなく、社会的役割として広くその意義が問われようとしているのである。

兵器技術の変遷

兵器・技術とは殺傷、破壊、防護、移動、通信等戦闘の一切を含む技術的手段（道具）を言うが、科学技術の所産に限るものとする。

中世末期の火薬の発明が銃・砲類を作ったことは、近代の軍事上の最初の革命であった。その効用は申すまでもなく集団的殺傷破壊効果である。この威力は攻・防いずれにおいても発揮されたが、近代初期においてはその質、量共に貧弱であったために、地形を利用する防者側に有利に働いた。これは地域占領を主目的とする戦闘が行われていた時代においては防護力としての効果が攻撃力を上廻ったことを意味する。

この間銃・砲類は逐次軽量化によって移動性を付与しつつ、性能的にも、生産的にも増大して行き、騎馬による戦闘力の優位のもとに逐次歩兵戦力の拡大を促すのである。

市民革命がもたらしたものは地域目標を主とする城塞戦から運動戦への転移であるが、漸増する火力が交通網の発達による部隊の移動速度の増加と相挨って運動戦時代を現出した。

一九世紀の前半に開花したヨーロッパ大陸の産業革命は、兵器技術において第一に破壊力、第二に築城・工兵技術を増大させたが、陸上における移動速度の増大に寄与するものが少なく、火力と機動力の関係においてバランスを欠き、これがため防者に有利な陣地戦、要塞戦に傾いた。

後半に入って鉄道および電気通信の発達が部隊の集中速度を早め、移動間の連絡を容易にし、活発な運動戦を展開したが、火力および防護力（工兵技術）が圧倒的優位に立っていたため、やがて戦線は固定し、破壊消耗を一層増大させる方向に向わせた。

二〇世紀に入って電気、冶金の著しい進歩が航空機、戦車等の機動力、装甲突破力ある兵器を生むに到って、火力と機動力との均衡が破れ、固定化された戦線に動揺をもたらした。この機動兵器の出現は往年の騎馬戦闘力に代わる運動戦の花形となった。これは一九世紀末から台頭した第二次産業革命の技術的成果である。

航空機は地上火力の威力の届かない空域において、戦車は敵の火力の威力に屈しない防護力をもって戦線を突破し、敵の弱薄部においてそれぞれの物的破壊力または心理的破壊力を行使することが可能となった。つまり機動性破壊力を持つ新兵器の登場であり、これによって兵器の具有する用兵上の絶対性が認識されたことは火薬に次ぐ第二の兵器革命であり、火薬に対するモーターの勝利であるとも言われる。

火薬革命は漸進的であったために用兵思想に及ぼした影響もまた漸進的であったが、モーターの革命は既往の用兵思想に抜本的な変革をもたらした。つまり用兵の一手段に留まっていた兵器の地位が著しく向上して、逆に用兵に新たな方向を指示するようになった。

しかし技術の発達は直ちにこれに対抗し得る兵器を準備させるのに多くの時間を要しなかった。戦車に対する対戦車火砲を、航空機に対するのにより精能のよい航空機と対空火砲ならびに事前に空襲を察知するレーダーの開発である。

かくて激しい兵器開発のシーソーゲームが展開され、この絶対性をもった機動性破壊威力は相殺されるに到った。

火力を主体とする兵器戦は多くの殺傷破壊を伴ったが、戦線を固定した。機動性火力を主体とする兵器戦は戦線の動揺をもたらしたが、対抗兵器との相殺が激化し、これにより一層多くの殺傷破壊を激増させた。

奇襲効果は新兵器、秘密兵器による技術奇襲が、相均衡する軍事力の相克を打破する最大の効果をもたらすようになった。地形的要素や精神的要素を巧みに駆使して武力戦を遂行させた既往の用兵に、以上のような技術的要素が導入されることによって革命的な用兵思想の変革をもたらした。その最も象徴的なものが原子爆弾である。核兵器はその殺傷破壊の威力において戦闘を不能にするばかりでなく、政治の延長としての戦争をも不能にさせた。それは核が原爆から水爆へとさらに威力を増大させるばかりでなく、これを運搬するミサイルと言う長距離の移動兵器の発明によって完全に絶対兵器の地位を占めたかの観を呈した。

次に従来使われて来た兵器、つまり核のような絶対性を持たないものはどうであろうか。破壊力をはじめとし、あらゆる効用を有するものはその最大の能率をあげるべく不断の開発が行われ、それぞれの性能を十二分に発揮するところまで到達し、やがてそれなりの絶対性に近づこうとしている。これに加えてゲリラ戦等に適した原始的な兵器まで登場し、所謂「原始から原子まで」と言われるように兵器の種類は軍隊組織の分化と共に無限大的な拡がりを見せるに到った。

戦闘のメカニズムが複雑になれば、これに見合う兵器のメカニズムも当然複雑とならざるを得なくなる。ここにおいてウエポン・システムの概念が誕生し、多くの兵器の効率的な組み合わせが、その生産、管理、運用の各方面にわたって有機的に統合されるようになる。

かくて兵器体系の整備と確立が用兵の基盤として不可欠なものとなって行く。

兵器は本来有形的、物理的な効果を持つものであったが、その威力が強大になればなるほど無形的、心理的な効果を増大する。それは量的なものから質的なものへと絶対性を増大するに伴いその効果を大にする。

「小銃が歩兵をつくり、歩兵が民主主義をもたらした」とはフラーの引用した言葉であるが、これに従えば「兵器が軍隊を編成させ、その軍隊が新たな政治思想を生む」の論理が、近代西洋の軍事思想を変遷させた一側面を説明しているようであり、特にその兵器が相対性を乗り越えて絶対性を持つにつれてその度を強めることになる。その意味においても第二次産業革命は兵器技術が用兵上に占める地位を著しく高めたと言ってよかろう。

用兵的立場からすれば用兵上の要請によって兵器がつくられるのが理論的に正しいと思われるが、現実的な状況は必ずしもそうではなく、兵器の性能が用兵にその新しい方向を創り出させている点を見逃すことはできない。

またこの反対にコンドルセは「民主主義が歩兵をつくり、歩兵が小銃をもたらした」と正にフラーの反対の立場から論じている。これもまた否定し難い一面の真理を含んでいる。

これに従えば「政治論理が軍隊に性格を与え、その軍隊がそれにふさわしい兵器をつくる」との論理も成り立ち得ると思われるのである。この場合軍隊の性格とは軍隊精神、軍事制度および軍隊の用兵法則等を意味することになる。

このように政治と軍事と兵器との関係と言い、用兵と軍制と兵器との関係と言い、いずれもまことに密接不可分な相互関係にあるのを知ることができよう。

用兵思想の変遷とその系譜的考察

西洋の近代軍事思想の変遷について これまで述べて来たものを要約して一表にまとめると一四五頁の第二表「近代西洋軍事思想の時期別比較」に見るようなことになる。

本項において観察しようとするものは、本節の最初に述べておいたように用兵思想はその根本要因となるものが変化する歴史の中において、どのように成長し続けるものであるかを検討しようとするものである。この場合、主として用兵思想の中で各時代の兵学理論構成にあたり、最も高い価値が置かれた作戦上の戦略構成要素の動きに目を向けて見たい。これがためにまず戦略構成の主要素を分析し、次いでその主要素の何が各時代の用兵思想の原点であったかを確めると共にその原点が各期の中でいかなる関係を保持しつつ変化し発展して行ったかを辿って見ようとするものである。

このような観察を用兵思想の系譜として見ようとする意図はいささか独断的なそしりをまぬがれないが、これまでの研究によって得た印象からなんらかの関係があるのはでないかと思うからである。

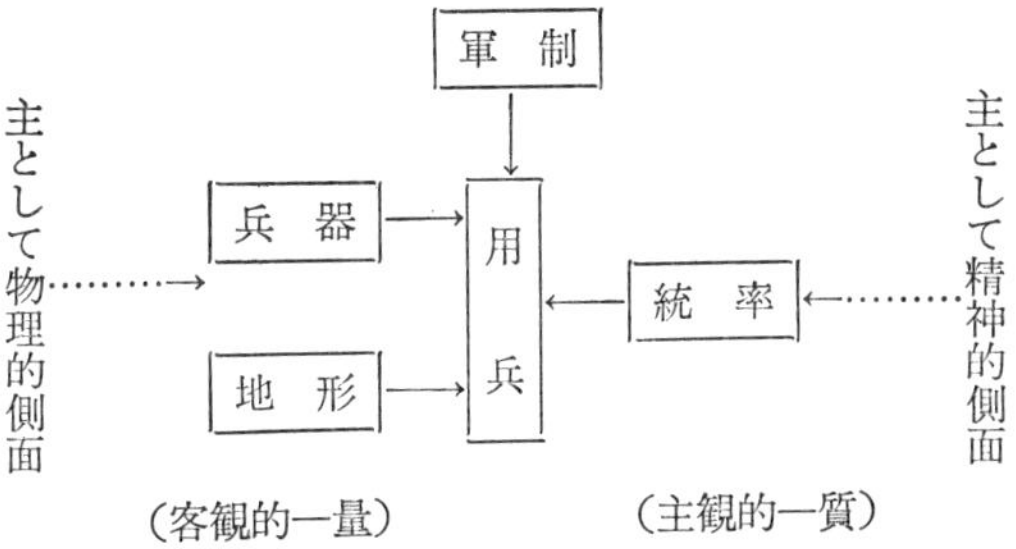

すなわち時代や環境の相異によって生れるものはことごとく異なるであろうが、人間の発想には、これらに左右されない何物かがあると信ずるが故である。したがって創られたものは必ずや無から有を生じたものでなく、創られるべき基礎的な発想の材料があったから創られたと思われるのである。

(1)　物・心両面から見た用兵上の主要素

用兵の思想形成にあたり、我々はその歴史を通じて物理的な要素と精神的な要素の両側面が作用していたことを知る。物理的な要素とはそれが客観的に計量しうるもののすべてである。計数的なもの、幾何学的なもの、統計的なもの、地形的なもの、技術的なものはことごとく合理的に考察しうるものでこれに該当する。

これに対して精神的な要素とは知・情・意の働きによる主観的なもので概して計量し難い情熱、武徳、憎悪、団結、士気等に関するものを含む。

用兵思想なるものが、唯物的な用兵理論と人間的な統率の両側面を本質的に包含している所以はここにある。

その意味で用兵思想を形成する主たる要因とその関係を前頁の図式に見るように設定することができよう。

各時代の用兵思想を概観すると、これらのすべてが関係して来ているが、その中で相対的にいずれかの要素が重視され、時にはそれが絶対的な価値をさえ持っていたのである。

一七、一八世紀における地形主義的用兵、一九世紀の統率的用兵、二〇世紀の技術主義的用兵の基本的性格がこれによって理解されると思うが、以下これらを念頭に入れて用兵思想の変遷の過程と関係に触れることにする。

(2) 戦略の諸要素に関するクラウゼウィッツの見解

クラウゼウィッツは、その著『戦争論』の第三編第二章において「戦略の諸要素」と題して次の五要素を挙げていることはさきに述べておいたとおりである。

精神的要素、有形的要素、数学的要素、地理的要素および統計的要素がこれである。まず彼がいかにしてこれらの要素を選択し、かつその相互関係を律したかについてその発想の根拠を探ることは興味深いことであると思う。

精神的要素とは将帥の胆力、堅忍による技能、軍隊の勇気や規律厳守等の武徳および軍隊の持つ国民的精神等を指し、特にフランス革命以来発揮された軍隊の国民的精神を重視している。

有形的要素とは、兵数の優越、強大な軍の戦闘力、編組、兵種の割合等主として軍制上の立場から取り上げているが、こればかりでなく、特に近代に入って漸進的な発達を続けている兵器等の技術的要素もこの中に入るべきものと考える。

ただ彼の時代において、兵器の効用、価値が、用兵上の根本思想を著しく変革するまでに成長していなかったために、敢えてこのような表現を用いなかったものと思う。

地理的要素について彼は、地形特に瞰制地点、山岳、河流、森林、道路等の環境条件が作戦に及ぼす影響を重視している。

次の数学的要素は、作戦線の角度、外から内に向かう求心運動、その反対の離心運動等の形式の幾何学的特質の持つ価値を、また統計的要素は、軍隊維持のための諸資材の管理に属することで、この両要素は、先の精神的、有形的および地理的の三要素とは視点を異にし、ものごとの考え方についての一種の合理的思考を示すものである。

つまり、筆者なりに彼の論旨を整理するならば、用兵思想を形成する内的要因には、精神的、有形的、地理的の三要素がある。別に用兵上の思考方法には、合理的および非合理的側面からのアプローチがあるが、戦略を考える場合には、合理的思考を欠いてはならないとの主旨になるのではなかろうか。

次いで彼は、これらについて次のように戒めているのが注目すべき重要な点である。

「これらの要素をそれぞれ分離して考えることは、我々の考え方を明らかにし、またかかる五種類の要素がそれぞれ具えているところの価値の大小を一瞥して判定するに便利である。実際これらの要素を別々に考察すると、その幾つかは、もともと借り物であった価値を自然に失うのである。……中略……しかし戦略をかかる五要素に分解して論じようとするならば、それはこの上もなく不都合な考え方と言わねばならない」と。

つまり、五要素を個々に考察することの意義（中略以前）と、全体として捉えることの意義（中略以後）の二つの相矛盾した考え方「分析と総合」を述べ、究極においては、現象界を個々の要素の相関によって見られる全体として考えるべきであるとする彼独自の哲学的な見解こそが重要であり、かつ最も強く筆者の心を捉えた点でもある。

(3) 用兵思想の内的諸要素とそれぞれが果たした歴史的影響

クラウゼウィッツの言う戦略の主要素は、必ずしも今日的な戦略概念に限らず、広く作戦用兵に関する戦略、戦術のすべてにも通ずるものとみても差し支えはないのではないか。

そこで、筆者が前項において分析したように、用兵思想そのものを構成している内的な基礎要因としては、精神的、有形的、地理的の三要素に限定してみたいと思う。ただしそれぞれの要素は、前項で説明したように幾つかに細分され、そのいずれの分野がそれぞれの時代において顕著に発揮されたかについては、まことに区々であったことを承知しておくべきである。

クラウゼウィッツの見解に従うならば、これらの内的要因を仮設した限りにおいて、それぞれの要因の価値を明らかにするため、まず最初にこれらを分離して、それぞれの価値の大小を判定するための分析に取りかからなければならない。

これがためには、各要素ごとにそれらが用兵思想にいかに影響を及ぼしたかを歴史的にたどってみることである。このことによって、価値の大小が、あるときには大であり、あるときには小であること、なぜこのような変化が生じたか等について理解することができるであろう。

そして次ぎにやるべきことは、それぞれの要素を分離してみるだけでは、用兵思想なるものの実態を把握することができないとのクラウゼウィッツの戒めに従って、各要素の相関性を通じて、用兵思想を総合的に考察しようとするものである。

以下最初の分析として、地理的、精神的および有形的各要素ごとに、これらが用兵思想に及ぼした影響について歴史的な考察を行い、次いで第二の作業として、これらの諸要素が各時代の用兵思想の内的要因としていかに相関し合ったか、いかなる相関の仕方によって各時代の用兵思想を形成していったかについて、ある種の軌跡を求めていくことにする。

(4) 地理的要素が用兵思想に及ぼした影響

地理的環境が、人類の生活に及ぼした影響は極めて大きく、生活様式や民族の性格までも決定するものであった。したがって、戦略や戦術にも当然至大な影響を及ぼす第一義的な要因であることは申すまでもない。特に戦争が、小規模、局地的な戦闘によって行われ、しかも兵器の威力が十分に発達しなかった時代においては、部隊指揮官にとって、地形の用兵的活用の適否は、勝敗の帰趨を左右するものであったことはうなずけそうである。

これは『孫子』が「地形は兵の助けなり」として重視し、また全編を通じて地形に関する内容を最も多く取り入れていることからも理解されるとおりである。つまり、戦闘地理学とでもいうべき兵学は、用兵学の第一歩であるといえよう。

近代西洋においては、次の事情によって、一七、一八世紀には地形的要素を重視した用兵思想の全盛期であったとみてよかろう。絶対王朝時代といわれたこの時代は、各国の君主たちが重商政策により富国強兵をはかり、権謀術数の外交によって国家の安全保障に努めた。これがために、彼らは自らの率いる傭兵軍隊を、戦闘による損耗から極力避け、主として示威や威嚇のデモンストレーションによって、その政治目的の達成をはかった。いわゆる持久戦略を採ったのである。

したがって、軍隊を動かす場合は、彼我の関係において態勢の優越を期するために機動を行うか、または敵の要域を局地的に占領確保することを目的とした。この目的達成のため、地理的条件特に地形の用兵的価値は絶対的なものとなり、いわゆる地形主義兵学とも称すべき用兵思想が発達した。地形主義思想とは、このように態勢の優越を期したり、局地を占領するために軍を動かすのであるから、開戦前に机上において作戦を計画し、かつ指導することが可能であり、必然的に数学的、幾何学的な合理的思策が発達した。これがため、用兵上の諸原則は、状況のいかんにかかわらず永久不変であるかのごとき真理として取り扱われたのである。

したがって、後世この時代の地形主義兵学のことを、後世の人々が機械論的観念兵学とも称したのである。しかしその後、市民革命によって国民軍隊が誕生し、戦争形態が決戦戦争に移行するようになると、この種の兵学思想は一時地を払い、高い価値を有していた地形的要素の評価も、低下したかのごとくにみえた。

もちろん、それだからといって、戦闘における地形の価値が軽視されたわけではなく、また計数的、幾何学的な合理的思考の意味が薄れたものでもない。

一九世紀の中ごろには、再びこの思想が新しい時代の政治的要請に順応しつつ台頭するようになったのは、この種の考え方が、用兵思想を成立させるために重要な役割を失っていないことを証明するものである。それのみならず、戦術的な地形主義は、戦略的な地理主義への道を開くことになる。その代表的な例が、アメリカのマハンによる海上権力思想の近代的発展にみられる。つまり戦略要点の地理学的発見であり、これがさらに政治地理学の創造を呼び、大戦略の重要な思索要素となって行くのである。以上のように、地理的要素は、当初地形的要素として用兵思想形成上の支配的地位にあったが、その用兵思想の凋落《ちょうらく》に伴い、全く消滅したのではなく、要素の内容が種類的にも質的にも変化していったものとみるべきであろう。

すなわち、地形、地勢、地質等は、それぞれ自然地理的な要素の種類であり、これらはまた、軍事、経済、外交、政治等文化的要素と結合して、文化地理的な面において、用兵思想に絶えざる影響をもたらしてきているのである。

しかし、近代の初期(一七、一八世紀)の用兵思想を支配した地形的要素の果たした役割を、我々は特に重視すべきであり、クラウゼウィッツの強調する地理的要素もまた、実にこの点にウエイトが置かれていたのである。

(5) 精神要素が用兵思想に及ぼした影響

精神要素とは、申すまでもなく戦う者の知・情・意のすべてであるが、この要素が用兵面において絶対的な価値を持つようになったのは、一八世紀末の市民革命以後のことである。もとより、戦いは人間が行うことなのだから、精神要素が用兵上の核心的要素であることは、太古の昔から少しも変わることはない。近代に入ってからでも、一六世紀に全欧を荒廃に導いた宗教戦争において、宗教上の教義のために狂奔した異常な庶民の精神力を無視し得ない。それにもかかわらず、あえて一八世紀末の市民革命を転機として精神要素の用兵的価値を高く評価する所以は、絶対王朝時代の用兵思想との対比において、あまりに顕著な違いをみるからである。

つまり、国王の政治的利害打算の道具として使われた職業的な傭兵軍隊は、その行動自体の中に打算が支配し、身を賭して戦う強烈な戦意が乏しかったのに比べて、自分たちの国家を市民革命によって闘い取った国民は、民主的自覚のもとに、自らの祖国は自らの手によって守り抜こうする戦意を持つ国民軍隊を誕生させた。これが用兵的には、従来みることのなかった決戦思想を生み、かつ可能にさせた根本的な要因である。

クラウゼウィッツは『戦争論』において、精神要素の主たる内容について、次の三点を特に挙げている。将帥の才能、軍の武徳および軍における国民精神の三面がこれである。将帥の才能としては、知性と情意との独特の素質である勇気、果断、行動力、堅忍等について、また戦争における危険、肉体的困苦、情報不足および摩擦等の妨害的な要素を克服するための精神的慣熟について要求している。

軍の武徳については、服従、秩序、規則等への随順を、また軍における国民精神とは、熱情、熱狂的な興奮、確信、国民全体を支配する考え等を含んでいる。

特に軍における国民精神の重要性は、彼の最も重視しておかなかった精神的要素であった。これは申すまでもなく、民兵のもたらす国家的意義を重視し、時に応じて山地におけるゲリラ戦を遂行させることとさえ期待したからである。

後世において最も問題となったものは、彼の指摘した国民精神についてであり、この種の精神的要素が、用兵思想を左右した影響度は極めて大きい。

このように、戦争の様相が一変すると、戦闘員の一人々々が自らの英知を生かし、情熱を燃やして闘志を傾けるようになるので、それ以前のように物理的・合理的な計算どおりの作戦の推移は期待し得ないばかりか、戦術的成功が時には戦略を左右するような事態がしばしば発生するようになる。ここで精強な軍隊とは、単に兵数の多寡や戦闘技術の優劣にみるような有形的要素に代って、無形的要素が支配的な存在となった。また用兵原理を固定化しようとしていた思想が、状況に応じて変化すべき思考の柔軟性を持つようになった。

しかしこのように自由を求めて誕生した軍隊は、そもそもが革命の落し子であったので、祖国の防衛のためには、敵に対して強い反面、ともすれば味方相互間においても、闘争的で統制を乱し、秩序を破壊するエネルギーにも堕し兼ねないだけに、指揮官の統率は重要な兵学の対象となっていった。

ワーテルローの戦いによって、ナポレオン戦争が終結し平和が到来するや、全ヨーロッパが反動的体制を復活させ、誕生したばかりの国民軍隊は、危険な存在であるとして解体され、もしくは著しく制度的な制約を受けて去勢された。無形的要素が支配的であった決戦的思想は、一時影を潜めたが、一たびこの世に誕生した市民革命の焔は、消滅するわけにはゆかず、やがてヨーロッパの各地において、民族独立のための国民戦争が生起し、用兵上の精神的要素は、ナショナリズムの一環として燃え上るのである。

以来、精神的要素は民族ナショナリズム、または階級的、革命的なインターナショナリズムを通じて、用兵思想の重要な要素として存続し、戦争形態の総力戦化に伴い、決戦的思想を支配してきた。少なくとも、近代を概観する限りにおいて、一八世紀末において市民革命によってもたらされたこの種の精神的要素は、蓋《けだ》し当時においては用兵思想を支配した絶対的な価値を持つもので、近代思想の一原点たることを失わない。

(6) 有形的要素が用兵思想に及ぼした影響

先にクラウゼウィッツの言う有形的要素が、兵力量の優越や戦闘力の組み合わせの巧みさ等であることのほかに、兵器、装備等の優越にあることを説明しておいたが、古今東西の戦史を通じて、斬新な兵器の登場が、戦争の形態に革命的変化を与えてきたことを見逃すことはできない。騎馬の出現、火薬の発見に伴う銃砲類の登場等がもたらした戦争形態の変化こそは、あるいは用兵思想を左右させた根本的原因ともいうべきものではなかろうか。つまり、有形的要素の中で最も影響力の大なるものは、技術的要素であるとみることができよう。現にクラウゼウィッツは、兵学の発達過程を説明するに当って、初期の兵学の中心をなすものは、所謂後世言うところの戦略・戦術ではなく、技術的所産である要塞のような術工物のつくり方であったと述べていることからも推察しうることである。

それにも拘らずその後、技術の所産である兵器は、用兵上の一手段、一道具以上の地位に出ることはなかった。つまり、兵器の威力がいかに増大したからといっても、用兵の侍女でしかなく、既存の用兵思想に抜本的な影響力を与えるほどのものでもなかった。しかるに、産業革命以降の科学技術の急速な発達は、兵器生産の量と軍事的効果の質的向上を促し、兵器技術の用兵思想に及ぼす影響が極めて直接的となり、次のような新しい問題を提起するに到った。「兵器が用兵思想を決定するのか、用兵思想が兵器の生産に方向を与えるのか」といった疑問が顕著となったのは、二〇世紀に近づこうとするころのことである。申すまでもなく、このことは兵器の占める用兵上の価値の著しい増大を意味する。

一九世紀までの用兵家たちの多くは、このことに目覚めることなく、地理的要素と精神的要素が支配的であった用兵思想の殻の中で第一次世界大戦を戦い、未曾有の損害を被った。この体験によって、新たに有形的な技術的要素の重要性が改めて認識されるようになった。その具体的な産物こそは、戦車、航空機、毒ガス等の出現にほかならない。これらの出現が新たな用兵思想を生み、観念的傾向に走りがちな既往の用兵思想の低迷を打破し、覚醒させた効果は、あたかも騎兵の登場や火薬の発見に伴う銃砲類の出現が、新たな用兵思想をよみがえらせたことと、同様もしくはそれ以上のものがある。技術主義的な用兵思想が絶対的な価値を持って登場したのが、第一次世界大戦直後のことであるのは、いかにも遅すぎた感があるが、意識の目覚め方の実態を物語っているように思われる。

この技術的要素が、戦略や軍制に及ぼした影響はまことに大きいものがあり、用兵史上革命的な一転機をもたらす原因となった。もはや兵器技術の量や質を無視して用兵を論ずることのできる時代は遠く去った。「科学技術の時代」といわれるように、二〇世紀の初頭以降の兵器の発達は、さらに一層目覚ましく、ついに超高度の技術的所産たる原子爆弾を第二次世界大戦の末期に登場させた。

あたかも産業革命が、ヨーロッパ社会において数次の段階を飛躍して行われたように、技術的要素を重視する用兵思想も、現代の核および誘導兵器の出現によって、第二次の技術主義兵学を誕生させたといってもよかろう。つまり技術の著しい発達が、用兵思想を成立させる基礎たるべき戦争指導上の政治論理をも変革し、また広汎にわたる兵器体系の整備が、用兵思想の大前提となっている現代の

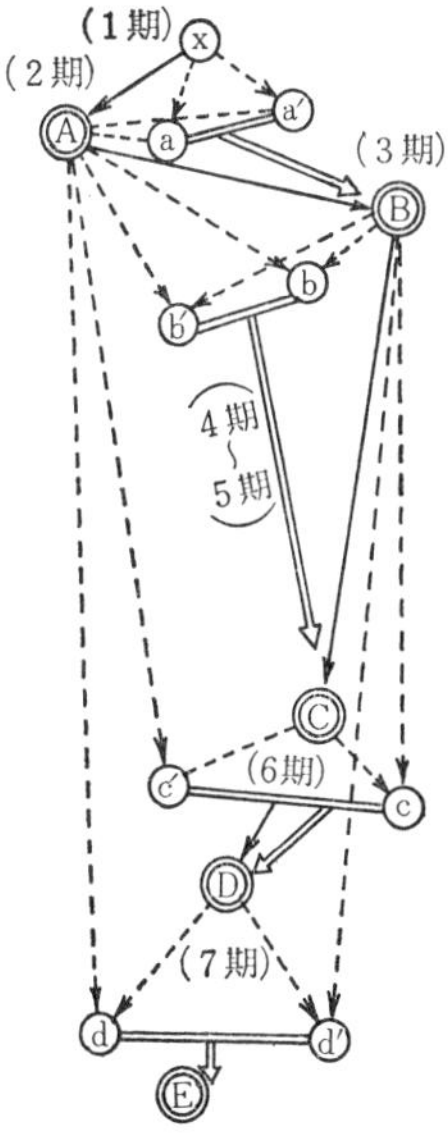

用兵思想	プロセス	主要な兵学家たち		期別	
x	X	マキアベリ、グスタフアドルフ、ヴァレンシュタイン		1	古典戦争時代
a	X×A	ボーバン、サックス、ユージン公、フリードリッヒ大王		2	
a′	X×A	ロイド、ビューロー、ギベール伯、カール大公			
b	B×A	ナポレオン、ネルソン（海）		3	
		クラウゼウィッツ、（シャルンホルスト）、（グナウゼナウ）		4	
		モルトケ、メッケル、フォンデル・ゴルツ、エンゲルス、シュリーフェン、フォッシュ		5	
b′	A×B	カール大公、ビューロー、マッセンバッハ、ジョミニ		4	
		マハン（海）、コロム（海）		5	
c	C×B	リデル・ハートフラー、ドウエ	ルーデンドルフ、ヒトラー、ムッソリーニ、レーニン、スターリン	6	現代戦争時代
c′	C×A		チャーチル、ルーズベルト		
d	D×A	トルーマン、ダレス、	リデル・ハート、ボーフル、キッシンジャー、ソコロフスキー	7	
d′	D×B		毛沢東、カストロ、ボーゲンザップ		

第三表　西洋の近代用兵思想の時代的系譜図式

状況は、正に技術的要素が依然として支配的価値を保持し続けていることを物語っている。

(7) 内的諸要素の相関からみた用兵思想変遷の概観

前項においては、用兵思想の内的要因である地理的・精神的・有形的の三要素のそれぞれについて、個別的にその価値を考察してきたのであるが、ここではこれら三要素の相関によって、全体を構成している用兵思想が、歴史の推移に伴っていかに変遷したかについてたどってみたい。

第三表「西洋の近代用兵思想の時代的系譜図式」は、この種の考察の手順を示すものであるが、まず図式中に表現された大小のアルファベットの符号について解説を加えておこう。

A・B・C・D等の大文字の符号は、用兵思想を形成する基本的要素を示す。つまりAとは、一七、一八世紀に栄えた用兵思想の中で、骨幹を形成していた地理的要素。Bとは、一九世紀初頭において、用兵思想に一大変革をもたらした精神的要素。Cとは、二〇世紀初頭において、それまでの用兵思想に革命的な変革をもたらした技術的要素。Dとは、Cと同じ技術的要素ではあるが、技術水準において超技術に属し、これが用兵思想に及ぼした影響もまたCとは異質である。これら諸要素が、用兵思想の形成に及ぼした経緯については、前項において説明してきたとおりで、図式にみるA→B→C→Dがこれを表している。

次は、x、a、a′、b、b′、c、c′、d、d′等にみる小文字の符号であるが、これらはすべて、用兵思想を表すものである。

xとは、第一期（宗教戦争時代）の用兵思想を指すものであるが、この特徴は、思想としては未成熟、未発達でありながら、しかも将来の各時代の思想を形成すべき諸要素を内蔵するものである。したがって、xを構成する要素をXと呼称することにしよう。

次いでa、a′とは、主として第二期に生じた用兵思想のうちで、代表的な二種類を掲げるものであるが、共にA（地理的要素）の要素が不可欠な条件となっているものを示している。

これと同じ考え方で、bとb′、cとc′、dとd′の二種類の思想は、それぞれの時代背景において、A・B・C・D等の各内的要素の組み合わせ方（プロセス）によって生じ、かつ相反する性格を持ったものである。

以上の符号に関する説明によって、第三表に表現した筆者の意図が、いかなる意味を有するかが概略見当がついたことと思う。

つまり、近代西洋五〇〇年を概観して、その用兵思想の変遷の特色および用兵思想を形成する基礎的な諸要素が、時代の推移に伴っていかなる役割を演じてきたかについて、その軌跡を大まかにつかむことができるというものである。

遺憾ながら、用兵思想の内容について、個々の兵学思想家のそれを紹介する余裕がないが、基本要素の組み合わせのパターンを調べることが本論の趣旨であるので、単に参考までに代表的な人名のみを第三表に掲げておくにとどめたい。

以下、まず時代の推移を顧みつつ、用兵思想の変遷と、これに関係のある基本要素との結び付きを追い求め、最終的には用兵思想の変遷を通じて、その系譜の持つ法則性に触れてみようと思う。これがために、第三表を参照しつつ、以下を読んでもらいたい。

(8) 絶対王朝時代(第二期)を支配した用兵思想とその主要素

一五、一六世紀の宗教戦争時代(第一期)は、ようやく西洋が近代を迎えたばかりの混沌とした時代で、用兵思想も未成熟・未発達の域を出るものではなかったが、その中にも、将来の成熟をもたらす用兵上の主要素が内蔵していたのである。特に軍人ならざる宰相マキアベリの政治思想の中には、かえって将来の用兵に関する鋭い示唆さえも看取される。このように、総じて第一期は、このような状況において近代の原点であったといえる。

一七世紀を迎えるに及んで、最初に定着した用兵思想は、俗に地形主義兵学といわれるような中世的残滓の強いA(地理的要素)が、その時代の思想を形成する中心的存在となった。

これがまずaなる思想を生んだ。これは、フランスのボーバン、サックスやプロシアのフリードリッヒ大王等の初期にみるような兵学思想に代表される。

しかし、時代の推移とともに、より一層近代的性格を有するa′が、ビューロー、ギベール、カール大公らによって発揮されるようになり、いずれもAの価値を絶対視する中で、a、a′の両思想の相克が、一八世紀の末期ごろまで継続するのである。これらに共通するこの時代の思想を体系づけたのが、イギリスのロイドであるといわれるが、遺憾ながら筆者はその内容について分析する機会に恵まれていない。

けだしこの時代は、用兵思想を形成する主要素がAでありながら、xを形成していた要素Xの作用をも受けることによって、逐次aからa′を生み出したものといえる。

この両思想は、共にこの時代を支配した持久戦争における機動戦略の用兵思想であり、Aがそれを支えた主要素であったことは申すまでもない。

(9) 一九世紀(第三期~第五期)を支配した用兵思想とその主要素

フランス革命とその後におけるナポレオン戦争を通じて、戦争様相は大転換したが、それは、中世期的な外交謀略を主体とする戦争から、武力による国民戦争への変革であり、これを動かした用兵思想が、決戦戦争における殲滅戦略にあったことは申すまでもない。

この時代の用兵に、絶対的価値をもたらした要素こそB(精神的要素)であり、その思想が、bまたはb′である。それでは、Bといいb・b′といい、これが前世紀の中からいかにして誕生したかについて考えてみると、BはAによって生み出されたものであり、思想的にはaとa′の両者の発達過程において、弁証法的な発展の所産として、必然的にクローズアップされてきた要素であるとみることができる。したがって、Bの顕在化は、やがてbとb′の両思想を生み出すことになる。

しかしながら、bとb′は、一昔前のaとa′と全く無関係ではないことは、これまでの発展の過程からうなずかれるところである。

具体的に説明すれば、bとはクラウゼウィッツに、またb′とは、ジョミニによって代表されるものとして理解することができる。

つまり、bもb′も、その時代の影響を受けてBの価値を高く評価したものであるが、同時にAの価値を無視したものではない。

クラウゼウィッツが、A・Bの両要素の価値を認めながら、比較的Bを重視し、ジョミニも同様の立場にありながら、比較的Aを重視していることから理解できるように、bとb′の思想的の差異を極端に対立させるほどの大差はない。しかしながら、大局的にみてこのわずかな差異も、二人の民族性、国家的立場や国際環境等に原因して生じたものとみると、二つの思想に大きな影響を及ぼしたAとBの二要素の意味を軽々に論ずることは適当ではない。

歴史的にみると、一九世紀の前半はb′の系列、つまりA要素を重視した思想が支配的であり、次いで後半に到ってbの系列、つまりB要素を重視した思想が拡大していったことは、第三表の右半分において見るとおりである。

⑽　古典戦争時代を終焉させた経緯

「古典戦争時代」とは、通常第一次世界大戦が終結するまでの間、支配的であった用兵思想に基づいて戦争が行われた時代を、それ以降の現代と比較するために用いられた時代の俗称である。換言すれば、A・Bの二要素が、用兵思想の形成に重要な意義をもたらした一九世紀を指しており、思想的には、bおよびb′が華やかなりし時代である。

特に一九世紀の後半は、天才的用兵家モルトケの活躍をみたドイツを中心とするbの思想が支配的であったが、時代の進運特に産業革命の発達に伴い、bの修正が限界に達し、一種の停滞期に入ったのである。

戦争は生きものである。したがって、これをつかさどる用兵思想が停滞し、形骸化すれば、戦争は本来の政治目的を達成できずに戦闘損耗のみを倍加し、思考は次第に観念化して、現実から遊離する。その結果が、第一次世界大戦にみるような大消耗戦となったとすれば、我々はそこに何らかの重要な用兵上の主要素が欠落しているのに気が付かなかったということになる。

これこそ、C（技術的要素）の価値の台頭を発見し得なかったことにあるといえるのではないか。思えばCは、近代の到来とともに、用兵思想の重要な要素の一つである有形的要素として登場したと思われるが、その後は必ずしも高い評価がもたらされず、第一次世界大戦の結果によってはじめて再評価されるに到ったことは、すでに述べてきたとおりである。

このことを図式の上から考察するならば、主要素の価値の絶対的評価が、BからCへ移行したことであり、思想的には、bとb′の相克が弁証法的発展を遂げて、Cの発見をもたらしたということになる。かくみれば、Cは偶然の出現ではなく、AとBの存在がCを導き出したということであり、またbとb′の発展過程の結論であったとみることができる。

⑾ 現代の戦争を支配する用兵思想とその主要素

現代の戦争の、古典戦争と比べて用兵思想上の特異な差異とみられるものは、以下述べんとするCおよびD（超技術）の要素に対する価値評価が著しく高まったことであり、これが既往の用兵思想に、それぞれ抜本的な革命的変化をもたらしたことについては、前に述べてきたとおりである。ただCもDも、かつてAやBがそれぞれ二つの相異なる思想を生み出したように、Cはcとc′を、またDはdとd′を生んだ。

まずcとc′について触れよう。cとは、CとBの両要素に支えられた決戦的性格が強く、イデオロギー的であるのは、ナショナリズムを駆使するルーデンドルフ、ヒトラー、ムッソリーニやインターナショナリズムに立脚するレーニン、スターリン、毛沢東等の思想の中にその傾向をみる。

c′とは、これに反してCとAの両要素に支えられた持久戦的性格、非軍事的要素を重視する間接戦略的な傾向を持ち、海洋国家的な用兵思想の色が濃い。

この両思想が、総力戦の度を一層濃くした第二次世界大戦時代の代表的な産物である。技術時代におけるcとc′の相克は、Cの要素を一層水準的に高め、その結果は、Dの要素へと質的な昇華を遂げて、第二次世界大戦以降の時代を迎えるに到った。

前記と同様の過程を経て生れたdとは、DとAの両要素を主軸とするもので、戦争抑止をその主たるねらいとする持久戦的性格が強く、リデル・ハート、キッシンジャー、ソコロフスキーらによって代表される超大国・先進国等において成長発展をみる。また、d′とは、DとBの両要素に支えられた決戦的性格、ゲリラ戦的人民戦争を主たるねらいとし、毛沢東、カストロ、ボーゲンザップらによって代表される後進国の狂信的イデオロギーをもって武装する集団等の間に成長発展する。

リデル・ハートは「我々の相手側が現在開発中の戦略d′は、優越した航空勢力を回避し、かつ行動の自由を拘束しようとする二重の考え方に立つものである。皮肉なことには、我々が爆撃用兵器の大量効果を開発すればするほど、我々は相手側のこの新しいゲリラ型戦略d′の進展をますます助ける結果に陥っている。――中略――今や原子の抑止力は、分かり切った線に沿って直接行動を抑止する効果を発揮しているため、それはかえって侵略者側の戦略の巧妙化を助長する結果を招いている」(『戦略論』)と述べているが、これによってdとd′との相互関係を知ることができよう。

⑿　用兵思想とその諸要素との相関に関する考察のまとめ

近代西洋の用兵思想の変遷をたどるに当たり、用兵上の各主要素との相関関係に視点を向けつつ、五〇〇年の歴史の軌跡を求めてきたが、筆者の意図した考察は以上のとおりである。重複をいとわず、この間に承知し得た若干の所見をまとめてみよう。

その第一は、当初掲げた三つの主要素は、用兵思想の形成に不可欠であり、常在不滅であるということである……（常在不滅性）

当然のことながら、地理的、精神的および有形的の三要素は、時代によって程度に軽重の差こそあれ、それぞれの要素が何らかの形で存在し、かつ相互に因果の関係をもって、用兵思想の全体を形成してきていることである。

このことは第二に、クラウゼウィッツの言うように、それぞれの要素を分離して考えるだけでは意味がなく、諸要素が、総合された全体の中において存在していることに意義があるということになる……（総合性）

ナポレオン戦争が開始されるや、兵学界においては、もはや地形主義的兵学思想のごときは、過去の遺物であるとして葬り去られたかにみえた時さえあったが、それほどこの時代の用兵思想には、一八〇度の大転換が行われたのである。

それにもかかわらず、一八三〇年以後に出版されたクラウゼウィッツの『戦争論』の中には、古い時代の用兵思想およびその中心的要素である地理的・有形的諸要素を軽視することなく、白紙的には精神的要素と同等の価値をもって、用兵思想の総合性を強調している。

第三は、用兵史上一時代を画したような特筆大書すべき用兵思想を通覧して、共通的に言いうることは、これを構成している各種要素のうち、いずれか一つの要素のみが特に絶対性に近い評価を受けていたことである……（絶対的評価）

例を挙げるまでもないが、絶対王朝時代、特に一八世紀における地形的要素、ナポレオン戦争時代の精神的要素、第一次世界大戦および第二次世界大戦直後の各技術的要素の評価が、一時絶対的であったことであり、このことについては、すでに述べてきたところである。

第四は、これらの絶対性に近い評価を受けた各要素は、それぞれが戦術的であるよりも、一層戦略的な影響をもたらしたということである……（**戦略的性格**）

例えば、前記の地形的要素が、態勢優位の戦略態勢を確保する持久戦略に不可欠であったこと、精神的要素が従来みることのなかった斬新な国民的愛国心のもたらした戦略的効果を期待し得たこと、技術的要素が、戦争目的と手段との関係に新たな戦略的価値をもたらしたり、戦争目的自体の再検討を促したこと等が、このことを物語っていると思われる。

第五は、各時代の用兵思想を支配したそれぞれの主要素は、循環するということである……（**循環性**）

筆者は、近代の出発点をXとし、この中には幾多の要素を内蔵しつつ、時代の推移に伴いまずA、次いでB、C、（D）と、用兵思想の形成に絶対的、かつ戦略的価値をもたらした異質の諸要素の循環的な輩出について述べたが、これをもってすれば、C（D）に次いで登場すべきEとは、変形されたAへの循環が期待されるということになる。

西洋の近代史のみにおいてみれば、AはXが生み、BはXを通じてAが生み、CはXが生み出したA、Aが生んだB、これらに次いでBが生むべくして生み出した所産ということになる。循環作用をこのようにみるならば、それは必然的な因果関係にほかならない。このことについては、思想の発展過程の説明とともに、これまでに申し述べてきたところである。

第六は、各時代を代表する用兵思想には、常に相反する二種類の思想が共存しているということである……（**異思想の共存性**）

このことは、一八世紀のaおよびa′、一九世紀のbおよびb′、二〇世紀前半のcおよびc′、後半のdおよびd′の共存関係について述べておいたところである。

石原莞爾

例えば、持久戦争の時代には、持久戦略と決戦戦略の異種の戦略思想が共存していることを意味し、決戦戦争時代においても同様であることを意味するものである。

これは、デルブリックや石原莞爾の戦争観を更に一歩進めた戦争実態の哲学的観察のようなものである。

つまり二種類の戦争が交互に時代を異にして循環して行われるにしても、用兵思想は二種の異質の思想の相克が、弁証法的な論理にみられるように発展しつつ、その間に戦争様相をも変革していくのではないか、とする深みのある観察となるからである。

筆者は先に、同時代の二つの思想の相克発展がある程度進展し、限界に達すると、新たな戦略要素の台頭をもたらすのではないかと論じたが、その見解をも併せて考えると、新しい戦争様相が生れることと、新しい戦略要素が要求されることとは、同一の論理の発展から、奇しくも歩調を合わせて登場するということになるわけである。

最後に第七として、第六の帰結として戦争様相（形態）と用兵主要素との関係について触れざるを得なくなった。

石原型の戦争類型をもってすれば、決戦戦争と持久戦争の二つのパターンに分けられるが、それぞれのパターンにおける用兵思想の中心的要素とのかかわりを、これまでの検討の結果から整理してみると、決戦戦争時代に代表的であった決戦戦略を成り立たせていた要素は、時代によって精神的要素または技術的要素であった。もっともこの両要素が、決戦戦略に及ぼした影響の仕方は異なるが、共に戦略を成り立たせるため絶対不可欠であった。これに比べて、持久戦争時代に代表的であった持久戦略の要素をみると、かつては地理的要素が、また現代では、超技術的要素が抑止力として絶対的な影響力を持っているとみることができる。

かくして、石原型の戦争観にみられる持久戦争から決戦戦争へ、決戦戦争から持久戦争への歴史的循環説は、用兵思想形成のための主要素が、AからB、次いでCを経てDへと時代的推移を経たことと無関係ではなかったことになる。……（戦争様相との関連）

⒀　未来への足がかり

以上の考察から、直ちに未来の用兵思想について論じようとするのは筆者のねらいではないし、またこれだけの貧弱な論理から導き出しうるものでもない。

したがって、これらについては別の機会に譲ることにして、ここでは筆者が観念的に思い浮かべている若干の問題のみに触れておくことにとどめたい。

その第一は、用兵思想が近代西洋の歴史で捉えたように、地理的↓精神的↓有形的（技術的）の各要素によって、循環的に支配されてきた軌跡であるともし仮定するならば、次に来るべき時代の支配的要素たるEとは、地理的な性格のものであるとみることができる。このことは、先に述べておいたとおりである。

その場合、地理的な要素とは、かつての地形的なものよりも、地質的なもの、つまり地下の鉱物資源や食糧等エネルギーに関するものや人口資源等をも含み、あるいはまた地球地理学的にみて、従来にはみられなかった海洋価値の登場が目覚ましく、これを要するに生存のための政治地理学的な要素が、新たな戦略的価値を持って、グローバルに展開される可能性を有するものではなかろうか。

次の第二は、地理的以外の諸要素についての概観である。これも、これまでに述べてきたように、各要素が常在不滅で、総合性をもって用兵思想を形成する役割を持続し続けていくのであろうが、それが、いかなる分野において用兵思想に影響を及ぼすかについて論ずることは、筆者の能力をはるかに超えた問題である。

例えば、科学技術発達の限界、特に従来兵器技術に関係の深かった物理的・化学的分野の将来についての洞察や、有形的思想の一部である経済的要素が、用兵にもたらす比重等への考察においてしかりである。

また、精神的要素については、先進国間でいわれている、いわゆる「イデオロギーの終焉」が何を意味するものなのか、インターナショナリズムが存在こそすれ、ユーロコミュニズムや、過激派のイデオロギーにみるように、多種多様に分岐しているが、これらが用兵にいかなる影響をもたらすであろうか等を考えると、軍事研究も未来に及ぶ限り、相当広範な視野を必要とするようになってくる。

以上の問題にいどむ前に、筆者はこれまでの考察によって、未来の用兵思想が存在する場として、次のような条件を想像するのである。

それは「EとはA・B・C・Dの各要素の総合的所産であり、しかも用兵思想としてのe、e′、e″等がこれらの各要素のそれぞれの影響を受けつつ、多様化した存在となるであろう」ということである。

はじめに断わっておいたように、はなはだ抽象的な域を出ないのであるが、未来への模索の足がかりとなれば幸いである。ただ、これに伴って一八〇度の頭の転換を要することは、既往の用兵思想についての考え方が、何回か抜本的にその概念を変えてきたように、否それ以上に将来においては超変革をするであろうということである。したがって、今日的な概念をもってしては、もはや用兵思想とはいえないような内容のものとなるかもしれないことを覚悟しておくべきであろう。

主用参考書

『大陸国家と海洋国家の戦略』　佐藤徳太郎　原書房（昭四八）
『近世西欧軍事思想』　上田修一郎　甲陽書房（昭五二）
『世界戦争史概説』　泉　茂　甲陽書房　（昭三九）
『近代西欧戦史』　佐藤徳太郎　原書房（昭四九）
『新戦略の創始者』　E・M・アール　原書房（昭五三）
『近代軍の再建』　リデル・ハート　岩波書店（昭一九）
『戦争史論』　岩畔豪雄　厚生閣（昭四二）
『軍隊・兵役制度』　佐藤徳太郎　原書房（昭五〇）
『軍事思想の研究』　小山弘健　新泉社　（昭四五）
『軍国主義の歴史』　アルフレッド・ファークツ　福村出版（昭四九）
『戦争論』　ロジエ・カイヨワ　法大出版局（昭四九）
『戦術論』　マキアベリ　原書房（昭四五）
『国富論』　アダム・スミス　岩波文庫（昭四一）
『戦争論』　クラウゼウィッツ　岩波文庫（昭四三）
『戦争史概観』　四手井綱正　岩波書店（昭一八）
『ジョミニ・戦争概論』　佐藤徳太郎　原書房（昭五四）
『ドイツ参謀本部』　渡部昇一　中公新書（昭四九）
『モルトケ』　ゼークト　岩波新書（昭一八）
『制限戦争指導論』　フラー　原書房（昭五〇）

『一軍人の思想』　ゼークト　岩波新書（昭一五）
『戦略論』　リデルハート　原書房（昭四六）
『新説明治陸軍史』　中村　赳　梓書房（昭四八）
『世界の歩み』　林健太郎　岩波新書（昭四九）

第二章　中国の軍事思想の変遷

はじめに

中国は、紀元前三世紀から二〇世紀のはじめに到る約二〇〇〇年以上にわたる長い期間に、皇帝制度の世界帝国たる巨大な王朝が、次々と交代しながらも連綿と続いているのを見る。このことは幾度か政体の変革が行われた西欧の歴史と比較してその壮観さに驚かされる。もちろんそれだからと言って平穏無事な経過を辿ったわけではない。絶えず北方の異民族の侵略を受けながらあるいはこれを征服し、あるいは逆に征服されながらも異民族を同化し、広大な領域を保持し、かつ極東地域における独特な文化圏を形成して来たのである。

これがためには遠大な外征が行われ、中央アジアを経て西アジア地方までその手が延びたこともしばしばであったのにもかかわらず、概して軍事史的な研究の対象となりうるものが少ない。特に中世期以前においては史料的に見るべきものがなく、いささか物足りなさを感じさせる。その点においては雄渾、壮絶な古代の西アジアおよび西洋の戦争の記録と比較するとき、中国軍事史の特異性を感ずるのであるが、このこと自体に中国の軍事思想を研究する価値が存するのかも知れない。

以下、まず軍事史的に見る中国の特色を概観し、次いで各時代を追ってその変遷の跡を訪ねて見たい。

一、中国軍事史の一般的特色

代表的な農耕民族の軍事史

中国数千年の歴史を概観するのに、紆余曲折はあったものの、終始変らないものはその文化の担い手が漢民族であり、かつ農耕民族の生活様式を原形として貫いてきたことである。また黄河流域を発祥地として、その後経済的発展に伴い勢力を揚子江流域にまで拡大して、今日の中国領土の中心的領域を形成するに到ったのは、実に紀元前六世紀頃にさかのぼる。以来、華北（黄河流域）から江南（揚子江流域）の広大な地域にわたって、漢民族は農耕生活を中心として歴史を支えて来たので、戦争を通じて見る中国の軍事史の特色の第一に挙げられるものは、この農耕民族特有のものであり、それは遊牧民族のそれと対比するのに恰好なパターンを示しているものと見ることができよう。

その特色の第一は、不戦主義を建て前として外交・謀略を駆使して極力政治的に解決をはかろうとしたことであり、第二は、軍事的には戦争を局地的に短期に終結させることに努めたことである。この思想は後述する『孫子』を通じてうかがうことができるものであるが、同時に西洋軍事思想史における近世初期の農業時代つまり絶対王朝時代のそれに近似するものがある。

農耕民族にとって土地は彼らの生活手段として不可欠なものであるので、耕作地域の拡大についての執着はあっても、敵国人を殺したり、金銀財宝を略奪することは、よほどの事情がない限り第二義的な軍事目標であった。

武器の発達が遅れたことも、このような農耕民族の特性と無関係ではないと思われるし、反面、地形や天候、気象等が生活手段に密接不可分な関係にあったと同様に、軍事的にも重要な要素として考えられたことも極めて自然な成り行きであったと思われる。

この点からすれば、近代ヨーロッパ、特に工業化時代を迎えてからの戦争のやり方とは対照的なものが感ぜられる。

中国の古典『孫子』が戦術面においてヨーロッパの軍事思想に大きな影響を及ぼさなかったこと、そして戦略面においてようやく近時になって、リデル・ハート等によって着目されるに到ったこと等を考えると、中国の軍事思想が農耕民族的な特色を持っており、遊牧民族的な西洋の軍事思想には適していなかったのではなかろうか。

凄惨を極めた宗教戦争、革命戦争、残酷な植民地略奪の戦争を経験したヨーロッパの軍事史をかえり見るとき、特にその感を深くするものがある。

漢民族の戦争観および国防観

農耕民族の国家を築いた漢民族の不戦主義の思想を裏づけるものに次の例が見られる。

一つは「よい鉄は釘にならない。よい人間は兵士にはならない」という言葉である。ここに戦争をいかに嫌悪したかの重文軽武の民族感情の一端をうかがうことができる。現に軍を構成する兵士の質が悪く、精強を誇る軍隊の建設が困難であった各時代の政府の悩みがこれを裏づけている。

もう一つの例に「遠交近攻」「夷をもって夷を制す」等の言葉もよく聞かれる。これは外交政策に属するものであるが、戦争に訴える代りに外交・謀略に長じていた漢民族の特色をよく物語るものである。戦国時代には、戦争を論ずる「兵家」よりは外交を主とする「縦横家」や国内政治に目を向けた「法家」の説の方が圧倒的な説得力を持っていたと言われるのも農耕民族の特色をうかがうことができよう。

中世以前において、中国は「漢」や「唐」等の帝国によって著しくその版図を拡大しているが、その場合に言われている大遠征がいかなる実態を持っていたかと言えば、必ずしも西洋人や蒙古人のやったような武力的侵略に終始したわけではなく、武力を背景として通商貿易や他民族に対する文化的同化工作によって従属させた類いのものが多かったことも漢民族の特色をうかがわせるものがある。

このような戦争観を持つ漢民族の国防観を想像させるものに次の二つの例がある。

その一つは「万里の長城」についての考え方である。通常「万里の長城」は、「秦」の始皇帝が北方民族「匈奴」の侵入を撃退するために北京北方に東西約二〇〇〇キロにわたって堅固な城壁を築いたと言われるが、この思想は春秋戦国の時代から存続し、「秦」以降も歴代の王朝によって補修し続けられたものである。今日の常識をもってすれば、いささかナンセンスのようにさえ思われることであるが、中国の長い歴史を通じて変ることがなかったという事実にかんがみて、我々はその底流を流れる漢民族の国防観の一端をうかがうことができよう。つまり領土保全のために消極的な防勢の措置を講じようとした思想の中に農耕民族の特色をうかがうことができる。

もう一つの例としては六世紀に「隋」の煬帝が黄河と揚子江を結ぶ大運河の建設によって南北の両地域を連結させたことである。これは北方民族の侵略に対応するための長期戦的構想として、軍事的に見ると興味あることである。

もとよりこの措置は軍事的ばかりでなく、広大な中国を南北にわたって流通を良好にさせることによって文化的発展をはかったものと思われるが、主都を漢民族発祥の黄河流域に置き、北方民族の侵略にあたっては、南方の農富な財源をもって対処することに便ならしめようとした思想がうかがわれる。この治水工事もまたその後今日に到るまで絶えず存続されていることは、さきの「万里の長城」と共に国防上の大きな布石として見逃すことができない。

南北抗争の二重構造

中国の歴史を特色づけているものに、次の二種類の南北抗争があったことに目を向けておく必要がある。

その一つは黄河・揚子江の両域を領有する漢民族の国家は絶えずその北方の各種遊牧民族の侵入をうけてこれと抗争を続けて来たことであり、他の一つは自己の領域内においても黄河地方と揚子江地方とが、国家統治権をめぐって覇権の争奪を繰り返して来たことである。

はじめに対外戦争における南北の抗争について見ると、漢民族は歴史的に三段階にわたって北方民族との抗争があった。

第一段階は古代から中世末期頃までのことであり、この時代の北方民族は主として西北方地区の草原地帯を根拠とする遊牧民族で「匈奴」「鮮卑」「柔然」「突厥」「西夏」等と呼ぶものであったが、第二段階では近世以降になって、東北方地区を根拠とする半牧半農の遊牧国家である『「渤海」「契丹」「金」「元」「韃靼」「高句麗」等との抗争の時代である。

第一段階と第二段階とでは、侵入する民族の生活様式が異なるので戦争様式も自ら変化せざるを得ない。すなわち略奪に対応するものと、領土侵略に対応するものとの違いがある。

次いで第三段階に入ると全く異質な民族の侵略がはじまる。近世末期から現代になって近代化された西洋の侵略であり、ロシア、イギリス、フランス、ドイツ等をはじめ西洋化された日本もその範疇に入るであろう。これは領土と経済的侵略の両面を伴う植民地獲得戦争への対応である。

武力戦的に見れば総じてこの三種類の南北抗争の結果は中国の敗北と見てもよい。特に第二、第三の段階に進むにつれてその敗北は決定的となって行った。

次に領域内における南北の勢力抗争について見れば、古代においては黄河流域に住む民族集団が次第に南方の蕃族と戦いつつ勢力を拡大し、「秦」の統一を得た。その後勢力が南北に二分され約四〇〇年にわたる抗争時代を迎えるが、五、六世紀の「南北朝時代」が物語るように中国は二分される。

自然地理的に見ると、揚子江流域は「江南」と称せられる穀倉地帯で稲作による農耕が行われたが、黄河流域は「華北」と称せられ、麦作農耕に適していた。この両地域は両大河の中間を流れる淮《わい》河の線によって区分されていたようである。農饒な地域を有する江南地方と、これに劣る華北地方とはそこに住む住民の思想にも懸隔が生じ得ることは考えられることで、華北住民の方がすべてにおいて真剣な生活態度を持っていたので文化の担い手であったと言えるようである。現に中国文化は黄河流域に発祥し、それが拡大して行ったことからも頷けるものがある。

これに加えて華北地帯は絶えず北方民族との交流が頻繁であるので北方民族が漢民族に同化され、この地方に住む住民は自ら北方の血液の洗礼を受けて尚武的な性格を強くさせて来ているのである。したがって両地域の住民の思想はますます明確に分かれて行く。その結果は明らかに北朝の優位となり、この対立は北方系の「隋」によって統一され、次いで「唐」に引き継がれることになるが、南北朝時代以降の王朝が征服王朝と称せられる所以は、その源を尋ねれば彼らが北方民族であり、それが同化されて漢民族となったところからこのように言われるのである。

爾来清朝に至るまでは、一五～一六世紀の「明」朝を除いてはすべて北方勢力または北方異民族による王朝の支配するところとなっている。

「清」朝の没落後は、孫文、蔣介石、毛沢東等江南地方の人々によって共和国が建設されたので、あたかも南が北に対して巻き返しを行ったように見られるが、彼らは所謂「客家《はっか》」と称して華北から江南に移住した集団の子孫であると言われるところから、南北の対立とは言いながらも、中国の政治文化の担い手は黄河流域地方の漢民族の優秀さによって維持されていたように思われる。古くは孔子、孟子、孫武、孫臏をはじめ中国史に残る人材は、山東地方および黄河の流域から生れていたことと、孫文等の近代革命家もまたその子孫であることを知ることによって漢民族の中心的存在が華北地方であったことを理解するのである。

以上のように、中国は数千年にわたって南北の抗争が続くのであるが、華北地方を原点とする漢民族の優秀性が、よく北方民族の侵入に対して巧みにこれを同化しつつますますその政治力を発揮し、他方において南方の穀倉地帯を掌握して大国を維持し続けて来たものと思われる。

つまり北方の人材がよく南方の物を管理し、抗争の中にも統一力を発揮して来た点を見逃すことができない。

中国軍事史を見る場合に、南北の抗争は中国自体の発展の実態であるとの立場から、中国の文化史を離れて外面的現象のみを観察してはならないことに注意する必要がある。

このように見ると南北抗争の二種構造は中国文化と切っても切れない関係にあることが理解されるであろう。

二つの兵制と中国の社会構造

各時代の兵制を概観するに、南北の王朝の対立と併行して二種類の兵制が順を追って交互に交代して採用されていた。つまり徴兵制と募兵制との相互循環が行われていたのである。

中国最初の統一王朝である「秦」は中央集権国家にふさわしい徴兵軍隊をもって出発したが、次の

「漢」は郡県制を敷きながらも募兵制をとらざるを得なかった。

このようにして秦・隋、元、清および今日の中華人民共和国は徴兵制の確立に努めたが、漢、唐、宋、明および中華民国は募兵制であったと言える。

なぜこのような変化が行われたかについては、第一に王朝を支配した民族が北方系か南方系か、第二に戦争を行った規模、度数等によるものと思われる。

本来歴代の政府は、中央集権的な官僚制を採って国家統一をはかろうと意図した限りにおいて、徴兵制を望ましいものと考えたであろうが、これを困難にさせる根本的要因が存在していた。それは国土の広大さによるものと思われるが、また各地方ごとの特色が強く、地域的独立性と親族意識が非常に強固なために、これらが統一を阻む要因として根強いものがあったことである。この要因が心ならずも各地域に軍閥の発生を余儀なくした。また兵士になることを好まない民族性が、徴兵制の実施を困難にした点も見逃すことはできない。

北方系の民族は生活様式自体が遊牧民族に見るような国民皆兵的な制度であったので、王朝創立の当初から徴兵制をもって臨んだ。しかし広大な中国領土を防衛したり、遠征を企てる場合には、その少数の種族的徴兵制の軍隊のみを持ってしては不可能であったので、募兵制の軍隊をもって大部分これを補充せざるを得なかった。あるいは郡県制による各地方長官に徴兵制を採らせても、それが軍閥化して中央の意図の如く動かすことを困難にしたために、勢い軍閥の手を借りて防衛や遠征を行わざるを得なかったのである。近くは「元」や「清」に見るように当初の封建的種族的徴兵軍隊が、地方の軍閥によって打倒されるに到ったのが、そのよき例である。

これに対して「宋」や「明」は当初から職業的な募兵軍隊をもって臨んだが、幾たびかの戦乱を経験するにともない、財政的な失調を生じて軍隊の崩壊をもたらしている。

このように徴兵制も募兵制も共に中央集権国家の軍隊を維持する決定的な制度たり得ず、多くは両者混合の形態をとった期間が最も永く続いたようであるが、これは漢民族の地方割拠性の本質によるものと思われる。

現に歴代王朝の政治制度にかかわらず、軍事制度において中央政府が、地方軍閥の力にたよらざるを得ず、また軍閥によって亡ぼされた歴史の数々に目をおおうことはできない。

この名残りは現代の中国の軍隊においても決して払拭されているとは思われない。

軍事思想の多様性

紀元前三世紀頃に「諸子百家」と言われた一群の思想家が現われて、所謂百家争鳴の時代を迎えたことがある。これについては後述するが、あらゆる思想が漢民族の体内に宿っていたことを物語るものとして興味深いものがある。

中国の長い歴史を通じて、これらの思想の中で最も支配的なものは儒学と老荘の学に見られる気風であるが、特に歴代の王朝が政策的に重視したのは儒学であった。

儒学は時にはこれが排撃されたこともあったが、最も影響力の強いものとして中国の思想史を貫いている。

このような儒学を中心とした多様性と老荘に見る現実性に富む中国の思想を背景とする軍事思想もまたその例外に出るものではない。これは中国国土の広大さ、北方民族との抗争によって絶えざる変化と同化作用をつづけて来た漢民族の優越性、大自然と人為的な苛酷な試練に堪えて来た民族の歴史的体験等によるものと思われる。

後述する『孫子』はその意味において軍事思想の多様性を感じさせるものであるが、だからと言ってその後の軍事思想を貫ぬいたものでもなく、時代と共にますます変化しつつ今日に到っていることは、我々が中国の軍事思想を研究する場合に、常に中国の歴史の大所高所から考察してゆく態度を必要とする所以である。

西洋との比較による軍事思想の変遷

中国の歴史を通覧するに、時代の推移に伴う社会構造や意識の変化は見られるにもかかわらず、西洋の時代区分に見るような明確な変革は感ぜられない。特に中世以降において然りである。したがって軍事思想の変遷においても同様に大した変哲もなく推移した点は、西洋のそれと比較して物足りなく思われるところである。

このような原因をいずれに求めるべきかと言えば、第一に科学技術面の発達が中国の土壌において育たなかったこと、第二に民族性として好戦的でなかったこと、第三に精神文化が物質文化を圧していたこと等が挙げられるのではなかろうか。

軍事思想を変革させる直接的な要因は、兵器・軍制および用兵理論の相関作用によるものと思われるが、科学技術の低調さは兵器の進歩を促さず、好戦性の稀薄さは政治・外交面の技術に走らせ、わずかに政権交代に伴う軍制の変革のみが軍事思想の推移を考える拠り処でしかなかった。

また精神文化、特に王道思想を誇りとした漢民族の用兵思想の内容を見るに、理論的な用兵技術よりも倫理的な統率面を重視する傾向を辿らせ、その反面、物質文化の軽視は科学的論理性の発達を遅遅たるものとさせた。

これらは農耕民族の特色として一括することができようが、西洋の軍事思想の変遷を辿るようなアプローチを許さない諸要因の介在を認めざるを得ない。用兵思想における政治戦略と統率論的偏向こそ西洋的アプローチと比較される点ではなかろうか。

二、各時代とその軍事思想

中国史の時代区分

歴史を時代的特色から大別区分すると古代、中世、近世(近代)、現代になるが、この区分の仕方は大変不明瞭である。それぞれの時代にはそれなりの特色が認められると思われるが、これを暦年的に見ると洋の東西において必ずしも一致しないばかりか、東洋においては各文化圏ごとに独自の歴史を持っているので、各地方ごと、各国ごとにまちまちである。

それだからと言ってこの時代区分を暦年的にも東西を揃えてしまっては、それぞれの独自の歴史を無意味なものにしてしまう。

そこで以下述べんとする時代区分は中国の歴史上から見たものであるので、この尺度をもってヨーロッパの歴史上の時代区分と同様であると捉えてはならない。

例えば一一世紀に宋の時代を迎えて中国は近世の初期に入ったとするが、ヨーロッパ史においてはこの頃は第一回の十字軍が遠征の途についた中世であって、これが近世を迎えるにはまだ四〜五〇〇年を要している。

もちろんこのことは東西両文化圏における文化の高低や進度を比較するものではない。中国の歴史的変革の過程を知るために、画期的な変革と思われるものを捉えて時代を区分したものにすぎない。

具体的には次の時代区分によって中国史を見て行こうとするものであり、この区分については概して現代のわが国の東洋史学において認めているところである。

軍事思想史の立場から見てもこの区分は妥当性があると思われるので、次のように考えたい。なお、二二八頁に「中国軍事史年表概見」を、二六七頁に「世界の主要な戦争年表」を付してあるので参考にしていただきたい。

(1) 古代

中国文明の展開が最初の激動期を迎えた紀元前八〜三世紀の春秋・戦国の時代であり、このとき周辺諸地域はその変動を受けて未開から文明へと移行し、その帰結するところは秦によって統一され、世界的な大帝国が建設された。これまでを古代の前期とすれば、その後、紀元前三世紀から紀元後二世紀までの約五〇〇年間は前期の文明の勃興期を承けて、漢民族が、秦次いで漢の時代において古代統一帝国としての基礎を確立した時期で、これを後期とする。

古代とはこの前・後両期を併せた約一〇〇〇年間を対象とする。

(2) 中世

北方民族の南下は古代から続いて行われていたが三世紀頃から激化し、漢の王朝の基盤が揺らぎはじめ、三国時代、晋、南北朝時代と称せられる混乱期が続く。しかし七世紀に入ってようやくその混乱が平定され、隋次いで唐の大帝国時代を迎え九世紀に及んで約七〇〇年間の中世文化の花を開いた。

この時代が古代と趣を異にする点は、北方民族の侵入によって南北の抗争対立が続いたが、この間に漢民族はよく北方民族を同化し、北方文化の長所を取り入れて中国文化を発展させたところにある。外面上は古代と同様に世界帝国が継続されたが、内容にはこのような変化があった。

(3) 近世

唐末から五代にかけて中国周辺の諸地域に歴史的な変動が生じた。これは中国王朝が及ぼした政治的影響が弱化することに比例して周辺地域の独自性が増大したことを意味する。中世の統一体制が弛緩したかの如くに見えるが、諸地域間の交易は一層増大して、近隣諸文化の交流もまた活発となって行った点では中世の王朝とは趣を異にするものがある。

宋・元の時代を前期、明・清の時代を後期とする約九〇〇年間（一〇世紀〜一九世紀）を近世とするが、後期になると中国王朝の政治的影響力が強化されて近隣の諸地城に対して支配力を増大して行く。

(4) 近・現代

中国を中心とする世界的帝国の完結性が一九世紀以降になって解体して行く。つまり西洋の資本主義の形成に伴う諸世界の一体化傾向が強まることによって、中国は世界帝国として存続することが許されなくなった。

通常アヘン戦争以降、中国の世界帝国としての歴史的地位が崩れ、この戦争をもって近・現代の転換期とされている。

古代とその軍事思想

(1) 古代の概観

黄河流域において農耕を営んでいた部族集団が次第にその耕地を拡大し、これらが統合されて農業的都市国家にまで発展する。「夏」「殷」「周」と言った古代王朝は、これらの部族集団の頂点にあって自らの領土を拡大しつつ四周の蕃族を従えて行った。この時代がいかなる武力をもっていかに戦争したかについては明確な記録は残っていないが、殷が夏を亡ぼした鳴条の戦（前一七六七）、周が殷を亡ぼした牧野の戦（前一一二二）等がある。これらは後世の儒家によって書かれたもので、政権交代時に伝統的な中国の王道思想がいかに発揮されたかをクローズアップした神話的な内容が多く、史実としての信憑性に乏しい。

ここで取り扱う古代とは前七〜八世紀つまり「周」の末期から「春秋」「戦国」の時代までを前期とし、前三世紀以降に「秦」が、次いで「漢」が広大な地域にわたって中国を統一して世界帝国を建設し、紀元後三世紀に及んで亡びるまでを後期とする前後約一〇〇〇年を対象とする。

「周」は前一〇世紀頃に天下を統一するが、前八世紀頃西方の蕃族侵入を受けて都を鎬京から東方の洛邑に移し、それ以降を「東周」と称した。その頃から「周」の王室は衰退に向い、各諸侯はこの周室を守りつつ南方の蕃族との民族戦争と諸侯相互の勢力争いに明けくれる。前七七〇年から前三世紀までを通常「春秋・戦国」の時代と言う。

この春秋・戦国時代こそは中国史上刮目すべき時代であって古代の前期にあたる。

詳しくは後述するとおりであるが、春秋・戦国いずれの時代も経済・文化の著しい発展と争乱が共存していた。

「春秋時代」は前七七〇年から前五世紀にわたる間を、「戦国時代」はこれに続く前五世紀から前三世紀にわたる間を言うのであって、軍事史的にも文化史的にもわが国の足利時代から戦国時代を思わせる活気がある。

春秋時代は封建的王朝の衰退に伴ってその頭首争奪の戦いを開始しつつ、他方において南方の蕃族との間に民族戦争が闘われた。南北の対立抗争はこの時代から生起しはじめたのである。

次いで戦国時代に及ぶと戦乱は一層激化して群雄が割拠し、壮絶な戦いが展開される。この時代になると、もはや周室は全く衰え、封建制都市国家は崩壊し領土国家の形態に移行して、弱肉強食の実力主義が横行し、下剋上的な気風が盛んとなるが、同時に経済的発展と共に中国文化の著しい昂揚を見るのである。かくしてこの争乱は新時代を生み出す巨大なエネルギーとなり、ついに前三世紀「秦」による統一国家の誕生につながる。

次いで後期を迎えるが、秦は今日の中国の領土に近い広大な国土を背景にして、官僚制中央集権国家として古代の世界帝国の座を占めた点において、中国史に画期的な第一頁を綴った。その後北方の「匈奴」族の侵入をしばしば受けるが、ことごとく撃退し国威を宣揚し、これに続く「漢」もまたこの偉業を継承し、南は越南、西は遠く西域に、北は朝鮮半島に到るまで勢力を拡大し古代の世界帝国を継続させてゆくのである。

中国の歴史は、このように西洋やわが国のそれと趣を異にし、古代において最も見るべきものがある。つまり古代において中国の今日的原型ができ上ってしまったとも言い得る。

領土、人口の増大、文化の発展、経済の発達、国民の愛国心の昂揚、技術の進歩、資源の開発、商業の拡大等が覇権争奪の戦争と共に一度に爆発したのが中国の古代であると言っても過言ではなかろう。

また専制君主によって統一された大帝国が維持されるにはこれに見合うだけの文化と知性があったればこそであり、中国の軍事史研究にあたってはこのような社会的背景を考え併せて行うことが重要であることを古代の歴史は教えている。

(2) 戦争と兵制

春秋・戦国時代の戦争はあたかも西洋の中世、日本の戦国時代（中世）に見られる「封建戦争」に類似している。つまり当初は各諸侯がその一族の子弟を中心として武士階級を構成し、その血族的団結をもって闘われるが、戦場地域の拡大と共に氏族制的秩序が崩れて地縁的関係が生じ、庶民の戦争参加に伴い使用兵力が増大し、かつ激烈度を加えて行く。

歩兵中心の車戦から次第に騎馬の登場を見るようになり、また一般庶民でも才能あるものは、一躍武将や宰相になりうるような下剋上の気運も増大した。常備軍隊を組織して軍の増強をはかる諸侯も出現するようになった。


その中でも秦は膨大な兵数を蓄え、動員計画を整えていたと言われる。しかし秦が天下を統一するや従来の私兵的傭兵部隊を解散させて中央集権的な官僚制軍隊を建設するのである。爾来中国社会には武官という官職はあっても武士という階級は存在しなくなった言われる。

秦は中央政府の軍政の統轄下に禁衛軍、地方軍および辺防軍の三組織をつくり一般徴兵制を布いた。


次に軍の兵力についてであるが、封建時代の周の王室時代の編成は天子は六軍七万五〇〇〇を、またこれに次ぐ諸侯はその半数の三軍をもっていたと言われている。戦国時代には急激に兵力が増加し、所謂「戦国の七雄国」の使用兵力は二〇〜三〇万、秦の統一戦争では六〇万が使われたと言われる。春秋・戦国の時代は覇権の争奪をめざす国内戦と、西方地域の蕃族や北方の匈奴等との対外的民族戦争が併行して行われたことはすでに述べたとおりだが、秦の統一戦争は戦いつつ領土を拡大する戦争、建設併行型の戦争であったと言えよう。これは前四世紀にアレキサンダーの行った戦争の形態に類似している。

漢の時代に入っても国内戦は頻発し、決して安寧を保持し得たわけではない。秦末の「垓下の戦」、前漢の「呉楚七国の乱」「赤眉の乱」「黄巾の乱」等に見るとおりで、王室内のクーデターや地方郡県の反乱と共に民衆の蜂起を見逃すことはできない。

兵制の改革は春秋時代から逐次行われて来たが、その第一は常備軍の設立であり、第二は武装戦費を各人の負担から政府が代って準備するようになったことである。これらは古くは春秋時代の先進国において実施された模様であるが、これには税制や裁判、行制機構の整備が伴うものであるので、古代帝国の官僚制の成立を待って完成するのである。

(3)　戦法および武器

戦国時代の形勢を急変せしめたのは、戦争の間から生れた二つの発明すなわち鉄器の使用と騎馬戦術の採用とである。中国の鉄は当初農器具に使われていたが、戦国時代に入って武器として軍用にも使用されるようになった。ここにおいて多数の兵士が青銅の鎧を身につけて大規模かつ苛烈な戦闘に参加した。また戦国初期までは戦争に馬を使用するにしても、それは戦車の牽引用に止まり、歩兵中心の戦いであったために、斧、矛、盾、次いで弓矢が主用されていた。騎馬戦術が使われるようになったのは紀元前三世紀頃のことで、西アジアの遊牧民族を通じて伝わったが、これはアレキサンダーの東征の影響と思われる。この効果を最終的に最大に取得したのは「秦」であり、その後「漢」の時代においても対匈奴戦等において盛んに使われた。

戦国の対立が激化すると共に諸々の有用の学が発達した。兵法研究を専門とする「兵家」が誕生し、論理的かつ実用的な戦術が誕生したが、彼らの得意としたところは外交・謀略にあって、戦闘は極力これを制御することを主眼とした。

「秦」の統一戦争にあたり、他の六国が共同して秦にあたるべしとする蘇秦の合従策や、その同盟を破壊して秦の統一を策すべしとする張儀の連衡策等は、外交政策を重視する「縦横家」の一人である韓非子の「戦国策」に見られる通りで、中国人の特色が見られる。しかし一たび戦闘を開始するや、速戦即決の短期決戦の戦法が「兵家」の間に盛んに論ぜられた。

次に築城については秦の始皇帝が匈奴の侵入に備えて築いた万里の長城の構造から、技術水準の高かったことがうかがわれる。ちなみにこの技術は春秋時代の領土国家時代から芽生えており、戦国の時代になって黄河北側に所在していた諸国が、匈奴の進攻を防衛するために部分的に築造していたものを、秦が連続して西は黄河下流から東は遼東に到るまでの空前の大要塞を造り上げたのである。その後何度か移動修復を加え、今日現存しているのは大体「明」の時代のものであると言われる。

これらは漢民族の防衛思想の特色の一端をうかがうことができると共に築城史上興味深いことである。

前漢の武帝は軍事、外交両面において積極政策をとり、その領土を著しく拡大して国力の増大をはかったが、対匈奴戦においては長期戦争によってこの遊牧帝国に鉄槌を与えた。これは巧妙な匈奴の戦術に対して、背後に「江南」の広大な生産手段と資源地帯を控えていた「漢」が長期戦によって物質的に匈奴を疲弊させる戦略が功を奏した例であり、中国の対外戦における持久戦略の好例とされている。

中世とその軍事思想

(1) 中世の概観

中国の中世約七〇〇年（三〜九世紀）の時代的特色をあげれば、経済的不況、貧富の差の大なること、分裂割拠、貴族制政治形態、異民族侵入等があげられ、その限りにおいては西洋と同様に暗黒時代とも見られようが、他方、文化面においては民族的自覚が高まり、東西両文化の交流とその通路の開拓、北方民族の同化による民族的精気の復活等、近世の開幕に必要な要素を育んでいた。この点においては時代的には相異はあるが、西洋の中世と称せられている時代とその様相が類似しているようにも思われる。

「漢」帝国が三世紀末に衰退し、中国は「呉」「蜀」「魏」の三国に分裂し、所謂三国時代を迎えて覇を競い合うが、八〇年後に「晋」が天下を統一する。しかしこれも約一五〇年にして再び分裂し、揚子江をはさんで勢力が南北に二分され、約三五〇年にわたって南北朝対立の時代となる。

この間北方民族の匈奴族をはじめとして鮮卑族、柔然族等の侵入があり、黄河流域地方はこれらの異民族が混入し同化され、「五胡」と称せられる諸族が十数国に分かれて覇を競い合った。六世紀末に華北に「隋」が登場してこの地方を統一し、次いで江南の南朝をも征覇し、再度中国は統一された。統一勢力の主体は漢民族に同化された北方系の異民族であったことは、漢民族の質的変化を示すものである。通常中世以後の王朝が「征服王朝」と言われる所以である。

「隋」が亡んで「唐」が建国するが、古代の文治政策に比べると彼らの政策は一般に尚武的な傾向を強くしている。

「隋」「唐」は外征に力を注ぎ、周囲の蕃族と闘いその領土の拡大をはかると共に経済、交通、文化、政治組織等の整備にも努めた。「隋」の大運河建設の土木工事、高句麗遠征、「唐」の東西文化の交通路の開設と国際貿易の振興等は見るべきものがあり、わが国が遣隋使、遣唐使により中国文化を吸収したり、朝鮮半島の白村江において唐軍と戦って敗れたこと等からも、日中関係の接触が強まったことをうかがうことができる。

「唐」末に到り財政政策の破綻により、宮室の堕落と混乱、民衆の一揆、地方軍閥の蜂起等が生じ、再び分裂して「五代十国」の時代となるが、この頃に北方に契丹族の帝国が勃興し中国を支配しようとする動きが生じた。契丹の勃興は中国人に民族的自覚を呼び起こさせ、これとの戦争を交えつつ次第に近世的性格を帯びるに到り、約五〇年の争乱を経て「宋」の建国を見るに到った。

(2) 戦争と兵制

「隋」および「唐」の全盛期において巨大な版図を拡げた遠征としては西域戦争と日唐戦争が著名である。 西域戦争とは唐がササン朝ペルシヤを滅ぼして西トルキスタンを併合した戦争であるが、サラセンの軍と西域のタラス河畔において戦った五二三年の戦争は最も有名であり、その遠征規模がいかに遠大であったかを想起させるものがある。また朝鮮半島攻略を通じて行われた一〇〇年近い長期間の日唐戦争においては、日本の水軍を白村江の戦い（六三二年）において敗ったこと等が著名であるが、その他の多くは国内戦争によって占められていた。

三国時代における魏と蜀・呉の連合軍との対戦に見る「赤壁の戦い」（二〇八）、東晋の末期南北の対立を決定的にさせた「淝水の戦い」（三八三）、南北朝時代に北方中国において争われた五胡十六国の乱、唐の滅亡の直接的原因となった安史の乱（七五五）、および民衆の反乱たる黄巣の乱（八七五）、五代十国時代の高平の戦い（九五四）、等が著名なものとしてあげられる。

これらの多くは中央集権的な力の衰えと地方軍閥の台頭とがつくり出した戦乱の類である。

兵制について見るべきものは唐が建国にあたって確立した制度である。これは従来の王朝には見られなかった新規なものであり、主として北方民族社会の制度を大々的に取り入れて、中央集権国家にふさわしい精強でかつ大規模な中央正規軍の確立をめざした制度である点においては、中国の兵制史上に特筆大書すべき兵制改革と言えるであろう。

つまり強力な中央集権制度を確立し、軍事力の充実整備を政権維持の重要な手段とし、北方的遺産である府兵制（徴兵）[注1]や均田法を採用したことである。

これは漢時代の南方民族の官僚制職業軍隊とは異なり、封建的な北方民族の種族軍隊の原形を拡大したもので府兵制度はその応用にほかならない。四〇年間を在役年限とし平時は耕作に従事し、農閑期に武事を操練させるという屯田兵的な国民皆兵制度である。しかし異民族の侵略が激化して兵力の増強を必要とするや募兵制に転移せざるを得なくなった。

安史の乱は地方の節度使[注2]たる安禄山の募兵的私兵によって起こされたものである。

注1　府兵制　六世紀中頃、魏で創始された兵制で、隋・唐にうけつがれた兵農一致の徴兵制である。唐制では、兵部（六部）のもとに均田農民が授田の代償として徴集され三年に一回の訓練を受けた。禁軍に服務する者と辺境の守備をする者とに分けられ、これらに服務する者は諸税を免れたが、一定の食糧や武器は自弁であったから兵役の負担の方がはるかに重かったと言われる。七世紀末にはこの制度は崩れて募兵制となる。

注2　節度使（藩鎮）　唐・五代十国時代の軍職である。府兵制の弛んできた八世紀頃異民族の侵入を防ぐため、国境地方の要域に配置された軍団の司令官で、統帥権、民政権を委ねられ、強大な権力を発揮するに到った。

安史の乱を契機として国内の要域にも節度使がおかれるようになり、その数も増大し、これが互いに抗争をつづけ唐朝滅亡の最大原因をもたらした。五代に入り、いよいよ激化して武人政治の時代を現出したが、次の宋朝には弊害を除くため権限を削減したので名誉的な称号でしかなくなった。節度使はこのように募兵制への移行の過程の所産であるが、結局地方軍閥を育成する結果をつくった。

(3)　武器および戦法

中世における武器として特に目新しいものは見当らないが、唐の代においては古代から使われて来た諸々の武器が整備され体系化されたと言われている。最も実用化されたのは刀剣類であり、弓矢の類も使用目的により数種類のものが改造、整備された。

この時代に注目すべきことは火薬が唐の末期に発明されたことである。しかしこれが武器として使用されるには到らず、イスラム帝国を経て西欧に伝えられることによって、ヨーロッパでは一五世紀頃に銃・砲類の弾薬として開発された。したがって中国において近代的な火砲類が使われはじめたのはヨーロッパからの逆輸入による一八世紀頃のことである。もっとも一〇世紀の「宋」の時代においても火薬を使用する武器は見られるが、それは中国独自の開発によるもので、西洋のそれとは威力において遠く及ぶものではなかった。

戦法として見るべきものは騎馬戦であり、数次の遠征の経験を経て集団戦法の発達が見られる。有名な兵法家として後世に残る者に、三国時代の魏の曹操、蜀の諸葛孔明、呉の周瑜等がいる。

これらの高名さが主として軍略および道義の優越にあることに中国の軍事思想の特色をうかがうことができるが、作戦用兵上どれほどの評価ができるかは明確でない。

ちなみに後世「明」の時代の書物「三国志演義」による「孔明」の事項を尋ねると、第一に孔明の「天下三分の計」がある。

これは本質的には外交戦略に属することで軍事戦略ではない。つまり二国協同して他の強国を倒し、次いで協同した友国を破って天下を統一しようとする「縦横家」流の謀略に属する。また赤壁の戦い（二〇八）にはじまり、五丈原の戦い（二三四）に終る諸戦争に出てくる「孔明」についても外交や謀略に関する内容が高く評価されているが、戦術面については必ずしも合点のゆくものではない。それにもかかわらず史実には「孔明八陣の兵法」「七縦七擒」や「木牛流馬」（馬の形をした輜重車）の発明等が見られ、彼の用兵の妙が讃えられているのは主として戦争指導における王道的万全主義と人材重視が兵学の基本であることをうかがわせるのである。わが国に伝えられているところでは「もろこしの孔明、わが朝の楠」等に見られる如く、楠正成と並び称される用兵家のように聞こえるが、そのねらいはむしろ儒学的価値評価にあるようである。

つまり「これを読んで泣かざるものは人に非ず」と絶賛される「出師の表」にしても、「涙を揮って馬謖《ばしょく》を斬る」、「死せる孔明、生ける仲達を走らす」等にしても道義的感動を呼ぶような箇所がクローズアップされている。

これらから想像されるように中国の兵学は、政略性と道義性をその重要な価値評価の対象としていたことが明確である。政略にしても、道義にしても精神的なもので、絶えず変化して止まない技術と異なり、不動の原理に立脚するものであるので、我々は中国の軍事思想を西洋のそれの如く変化の対象として捉えて行くには、尺度の違いを感ぜずにはいられない。その意味において中国の古兵書が儒学的基本理念の影響を受けて、中国軍事思想として継承発展されたものと見ざるを得ない。

近世とその軍事思想

(1) 近世の概観

中世の身分制社会は謂わば固定し、低迷した社会であったが、宋代に入ると俄然社会は沈滞を破って潑剌とした活動を開始した。正に中国のルネッサンスであり、宋代の新文化こそ哲学や文学などの精神文化ばかりでなく、その背後にある社会組織の進展をも含めている点では西洋のそれに匹敵するものである。以来「清」朝の末期まで約九〇〇年間を近世とするが、この間の時代の発展過程には盛衰が繰り返えされるので便宜上さらに二期に区分し、一一世紀から一四世紀にわたる「宋」および「元」の時代の約四〇〇年を前期として取り扱い、一五世紀から一九世紀末の五〇〇年間を後期として「明」および「清」の時代を対象として考えて見たい。

中国に近世をもたらした原因は中世的貴族の没落であった。これによって武力万能の国家から財政国家へと転移し、官僚は武官よりも文官が重用され、また中国内部において資源の開発、地域内分業が起り、不可避的に流通経済が促進されて好景気時代の再来を招くと共に新文化の発達を見るのである。しかし北方民族等の絶えざる侵略を受けて近世の各王朝は政治、経済、文化の各面にわたり盛衰を繰り返すのである。この間中国人は次第に民族的自覚を強めつつ近世的統一と民族主義の性格を形成して行くのであるが、これらはむしろ周囲の異民族側の影響を受けた面が多く見られる。

(2) 近世前期の概観

古い社会形態が破壊され、庶民的とも言われる新しい時代を迎えた「宋」は、新しい官僚の出現、手工業生産の発達、海外貿易の隆盛等による好景気と高度成長を背景として、文化面においても画期的な飛躍が見られた。世界の三大発明と称せられる火薬、羅針盤、活字印刷の使用は宋代において普遍化した。文学、経学の上では古代精神の復興が叫ばれ、絵画、特に風景画は世界の最高水準に到達した。

「宋」は文官による文治政策を重視し、北方民族に対して防衛上は消極主義をとったが、これがためにかえって北方民族の軽侮するところとなり、北部中国を女真族の「金」王朝に占拠され、一二世紀の初頭には「靖康の変」に敗れて都を南遷せざるを得なくなった。それでも「宋」は巧みな外交と通商政策によって国富の増大に努めたが、一三世紀にはモンゴル族の「元」に滅ぼされ、ここに漢民族は完全に異民族の支配に屈した。

「元」もまた当初、商業・貿易に非常な関心を示し、欧亜両大陸にまたがる交通・貿易路を整備し、陸路ばかりでなく海上交通も空前の発展を遂げた。マルコ・ポーロが「元」朝にあって「東洋見聞録」を書いたのもこの時代のことである。しかるにモンゴル人は漢文化に対して非妥協的であったので漢人の反感を買い、かつ一四世紀の半ば以降は大出水、飢饉等が相次ぎ、これに伴い「紅巾の賊」等によって各地に反乱が起こり、治世約一〇〇年にして滅んだ。

(3) 近世前期の戦争と兵制

宋の軍隊は純然たる職業的傭兵制をとったが、この弊として軍事費の膨張を避けることができず、しかも兵の質の粗悪さも手伝って、北方の諸民族の侵略を押さえることができなかった。王安石が出て保甲制（一種の徴兵制）を採用したが、安逸に流れつつあった文治尊重の知識階級の激しい反対を受けて失敗し、結局「岳飛」等の地方軍閥の諸軍団の力に頼らねばならなかった。

これに反して一三世紀に宋を亡ぼした元の兵制は、遊牧民族特有の氏族制社会をそのまま軍事構造とする兵農一致の徴兵軍隊をもって臨み、この制度を漢民族にも強要し、かつ要所々々は元軍をもって配置した。

宋の時代の戦争はほとんど対北方民族戦争であり、東北方の女真族「金」や西北方のタングート族「西夏」を相手に戦い、その侵略に対して防戦に努めたがついに「元」に滅ぼされた。

元は金を滅ぼし、中国を統一してからさらに朝鮮を征服し、日本に対し二度の遠征を試みる等、領土の拡大をはかったが、財政はこれがために失調し、内部的に崩壊を来たし、末期は民衆の蜂起する内乱に苦しんだ。

(4)　近世前期の武器と戦法

唐代に発明された火薬が漢人の手によって武器となったのは、宋代に入ってからのことである。その一つは「火箭」であり、火薬を少量詰めて点火し、弩《いしゆみ》によって発射して目的物を焼夷するもの、また「鞭箭」は竹管に火薬を詰めて点火し、ロケットのように火薬の力により遠方に飛ばして爆発させるものであった。「火毬」は鉄球等の中に火薬を詰め込み、投石機を使って敵陣に投げ込み目的物を爆破するもので、中国ではこれを鉄砲と名付けた。

ただしその最も期待された効果は、破壊力よりも爆発音の威力にあったと言われる。これらの兵器は宋・金戦争や元・金戦争において特に攻城戦に威力を発揮し、また元寇においても我国の武士達を驚かせた。

しかしこの時代の中心的な兵器は、依然として弓矢、槍、刀であり前記の火器ではなかったようである。

宋・元時代の軍事技術史についてはまだ十分に研究されていない分野が多いので、一概にこの方面が低調であったと断ずるのは早計と思われる。

戦法としては「宋」の時代に特筆すべきものが見当らない。この時代に儒学を一層普遍化させた宋学の影響が強かったため、「岳飛」をはじめ「秦檜」「張世傑」「文天祥」等が忠臣義士として讃えられこそすれ、用兵面の記録として残されているものはほとんどない。

「元」の戦法については、直接これと闘ったわが国の古文書の中から、戦法をはじめ兵站、兵制、兵器等に関する貴重な知識と教訓の一端をうかがうことができる。元はまたジャワ遠征をも行っているので、元寇の記録と共に水軍の戦法を知ることができる。しかし何と言っても一三世紀に西欧にまで遠征を企てたジンギス汗の戦法は特筆大書すべきものであり、その雄渾壮大さにおいて遊牧民族の典型的規範を示している。

したがってジンギス汗の軍隊と戦法について若干を記述しておく。これこそ近代ヨーロッパが最も影響を受け、ナポレオン等によって継承されたと言われているものである。

(5) ジンギス汗の軍隊と戦法

(1) 軍隊の編成と行動等

蒙古統一時における兵力は約一〇万と言われるように広大な領域に比較すると意外に少ない兵力である。この軍事体制の特色とするところは一〇戸をもって最小の単位とし、そのうえに百戸、千戸ごとに逐次上級の単位をつけ、それぞれに長を置き最高統帥部の命令が迅速容易に伝達できる組織であったこと、次に直接兵役につくグループと、戦場の内外にあって兵站的役割を果すグループに分けて、各一〇戸ごとに軍費を自給自足させたことである。

これは氏族制社会をそのまま拡大して国家を形成したことになる。軍隊はことごとく騎兵であり、歩兵を持たない。革鎧をまとい弓矢を主として用いたが、後に抛石機、火砲を用いた。糧食は各自が準備し、牛馬や肉を乾燥させたものを携帯するほか、現地における狩猟や略奪によって補給し、巧みに征服先で現地自給をしている。

このような軍隊を成立させた背景には、上層部における「クリルタイ」制度と称する会議が存在した。この政治組織により重要事項が決議され、統率者の人選を適切にし、これに政戦両略にわたる命令系統の統一と連帯責任を負わしめたと言われている。

また交通制度が完備され、道路駅伝の整備により部隊相互の連絡、機動力の発揮等を容易にし、活発な用兵を行う基礎をつくったことも重要な特色である。

(2)　戦　法　等

縦隊戦法がその特色の第一にあげられる。すなわち通常その騎兵隊を三隊または四隊に分けて縦軍とし、その一隊はある間隔をもって五列に配し、第一列が矢を射尽くすと、後列が漸次代って連続射撃を行い、敵のひるむと見るや、次の重騎兵団が突撃して敵陣にくさびを打ち込むやり方である。またしばしば先頭の隊が中央に退却すると見せかけて、左右両翼から包囲殲滅する方法をとった。最も精鋭な親衛軍は概して予備として後方に置かれたが、戦闘が終局に近づくや、その精鋭をもって敵の弱点を急襲して一挙に勝利を決した。一二二三年にジンギス汗が西欧遠征においてロシアの連合軍を「カルカ」河畔に敗った戦史を見ると当時の東洋の戦術がいかに西洋のそれを圧倒していたかが理解される。

ナポレオンがジンギス汗の戦法から大いに啓発を受けたと言われるのもあながち嘘ではなさそうで

ある。

そのほか参謀本部の設置、平戦両時の敵情偵察、行軍準備、軍隊と耕作の関係を律する措置が行われていたことや、戦場における彼我の識別のための小旗の利用、夜間の燈火標示等創意工夫のあとが見られ、戦法の研究が相当高度に進んでいたことが想像される。小数民族をもって大領土と多くの異民族を統治した政・戦両略の巧みさは軽視できないものがあるがここでは省略する。

(6) 近世後期の概観

「元」は国家経済の破綻と農民暴動の続発等に悩まされ、ついに漢民族の「朱元璋」の率いる大軍によって滅ぼされ、一五世紀に中国は漢民族の統治する「明」の時代を迎えた。

「明」の初めは経済的には徐々に上向きの傾向になったが、絶えず「北虜南倭」と言われる外患に苦しめられた。北虜はモンゴルやタタール等の北方民族の侵略を意味し、南倭とは中国の東および東南を襲った海賊であり、わが国ではこれを「倭寇」と称しているものである。

「明」は極端な貿易統制を行って日本や北方民族の反感を買ったが、この頃来航したヨーロッパ人を通じてその文化を取り入れ、学術教育を振興し、火薬武器等の製造にも熟達し、産業、文化の各面に大いなる成果をあげて三〇〇年の治政を保ったが、宮廷における宦官《かんがん》政治の害毒が政争を激化させ、北方民族との戦争と農民の反乱等が加わり、内部から崩壊し去った。

これに代って満州地方から南下して来た女真族が一七世紀「明」を打倒して中国を統一し、「清」帝国を建設した。「清」は「元」と同様に異民族の統治する典型的な征服王朝であるが、「元」の蒙古至上主義と異なり、満・漢融和政策をとり、漢文化を尊重し、漢民族統治を行ったので二五〇年にわたって王朝を維持することができた。特に康熙（一七世紀）乾隆（一八世紀）の名君が出て善政を行ったのでその領土は遠く蒙古、満州、チベット、新彊に及び、文物制度も著しく発展して中国史上類例を見ない大帝国を建設した。

しかし、一九世紀の後半になると、ヨーロッパ人のアジア進出が活発となり、北方からはロシア、南からはイギリス、フランスをはじめ諸外国の侵略を受け、これらの国々により中国全土は半植民地化の憂き目を見るに到った。さらに国内では清朝の政治が腐敗し、民族的反乱が激化した。

ここにおいて排満、滅洋の革命的民族主義運動が中国南部から起こり、中国は二〇〇〇年の永きにわたって継続し得た世界帝国を崩壊させて近代共和国への第一歩を踏み出すことになる。

(7) 近世後期の戦争と兵制

「明」は「元」を亡ぼして農耕社会の回復につとめたが、北方民族の制度を生かし、兵制には著しく蒙古色が見られ、徴兵・募兵の両制を併用したので、当初の軍隊は頗る強力で、よく「北虜南倭」の苦しみに堪えた。

しかし時代の進むにつれて地方の藩鎮が軍閥化し、中央の統制に服さなくなり、一六世紀の末から一七世紀のはじめにかけて、日本との間で「朝鮮の役」がおこり、次いで女真族の軍により「サルフ」の会戦で大敗する等、外征によって苦渋をなめた末、「李自成」の反乱に遭って亡ぶに到った。これに代った満州族の「清」は「満州八旗」と称する兵農一体の伝統的武士団を中心とし、これに「蒙古および漢軍八旗」を新たに編成して約二〇万の常備軍を組織して国防に充てるほか、国内各地の治安維持のため「緑営」と称する常備軍約四〇万を設置した。

この八旗や緑営も「清」の末期には太平によって腐敗し、全く機能を失い、これに代わって「湘勇」「淮勇」と称する義勇軍が現われ、私兵ながら一種の常備軍となった。日清戦争に従軍した清国軍の主体はこれであり、総兵力三五万ほどであったと言われる。

その後軍隊近代化の動きがあり、これらは地方警備の巡防隊に改編されるに到るが、計画半ばに清朝は滅亡した。

辛亥革命以後の民国陸軍も大体清の末期における新旧の軍隊の混在したものとして発足した。

次に海軍について触れると「明」の時代に著しく発達し、一五世紀の初期には大船数十隻を建造して数度にわたりインド洋まで遠征しているが、これらは主として海外貿易を目的とする水軍であり、戦争を対象とする海軍ではなかった。満人は水戦に慣れず、清の当初は海軍は微弱であったが、アヘン戦争以後近代的海軍創設の議が起こり、まず西洋諸国より軍艦を購入し、一八七五年以後は装甲艦をもって海軍を建設したが、一八八四年の清仏戦争においてその大半を失った。一八八八年に北洋海軍の編成が成り、定遠以下八二隻の堂々たる威容を誇ったが、これも日清戦争において日本海軍に撃滅された。

(8) 近世後期の兵器と戦法

「明」代における火器の進歩には見るべきものが少ない。その末期に「鳥銃」と呼ぶ火縄銃や「フランキ」と称する火砲がポルトガル船によって輸入され、それが改造を加えられて「紅夷砲」と言う比較的精能の良好な大砲を装備するに到った。これらは前述の朝鮮の役やサルフ戦において使われた。参考までに日本は小銃の発達が著しかったのに比し、「明」は火砲を重視したのが特色であり、朝鮮の役はその点では東洋における近代戦争の先駆として見ることができよう。この結果日本側は「明」の火砲の威力に驚いてその開発にとりかかり、「明」は日本の小銃の一斉射撃の効果を重視して鳥銃隊を組織したと言われている。

「サルフ」の戦いにおいてはこのような火器を装備した明軍が、一挺の火器も持たない満州族に殲滅されてしまった。いかに優秀な装備を持っていても運用する人を得ない場合には宝の持ち腐れになるのは東西共に変わることがない。

歩、騎、砲の兵種を統合する三兵戦術は「元」を経て「明」に及んで逐次発達し、「清」においてほぼ西洋の戦法に近似したと言われている。

農民等による反乱は漢末の「黄巾」、唐末の「黄巣」に次いで元末の「紅巾」、明末の「流賊」、さらには清末の「太平天国の乱」や「義和団事件」等が各時代に見られたが、多くは宗教的結社の色彩が強く、これが組織的なゲリラ活動に発展するのは明末の「李自成の乱」の頃からであり、陸上ゲリラばかりでなく清初の「鄭成功の反乱」や「三藩の乱」（一六七三）においては海上ゲリラも見られる。これに伴う海防術も相当に進んでいたようである

「清」の時代に入って「白蓮教の乱」（一七九六）、「太平天国の乱」（一八五〇）、「義和団事件」（一九〇二）等が頻発した。これらは将来の中国のゲリラ戦の先駆になったとも言われている。

「南倭」と称せられる海賊は「明」の時代においては明人が主体を占めていたと言われるが、その戦法には「胡蝶の陣」（大将が扇子を開いて号令指揮すれば、部隊は抜刀して舞うが如く敵中に斬り込んだと言われる）や「長蛇の陣」（縦列をもって進み、敵がその先頭を撃てば後尾の方に迫り、後尾が撃たれれば、先頭がこれを救うという）の記録が見られる。

古代の兵書を思い起こすこのような表現は彼らの中に兵法家が介在していたと思われる。これらは水軍戦ではなく陸戦におけるもので、「南倭」が明を苦しめたのは陸戦隊の戦闘にあったことが理解される。

「清」代は「明」代に比較すると兵器、戦法共に飛躍的に発達するが、北方民族伝統の騎兵戦法は温存し、満州八旗は最後まで騎兵を主体としたのに反して火器を使用したのはほとんど漢人であったことは注目に値する。

「清」が前半期にその領土を拡大したときには小銃、火砲等を大いに利用して黒龍江に侵入したロシ

ア兵を撃退し、火器戦法の優越を誇ったが、その後の軍事研究が不十分であったため、アヘン、アロー戦争等においては「清」側に統一した近代戦法はほとんど見られず、特に火器の戦力においては西欧との著しい格差が大敗を喫した主要な原因の一つとなったと言われている。

近・現代とその軍事思想

(1) 近・現代の概観

近・現代とは近世の延長にすぎないが、近世的傾向が一段と顕著になった段階と見られるので「最近世」とも言われる。その段階は西洋が自然科学時代を迎え一八世紀の半ば頃から産業革命が始まり、一九世紀の初め頃には一応の成果を収めたことを念頭に置いて、生れ変った西洋がそのエネルギーをもって東洋侵略を本格的に行い、これがために中国はこの外圧を受け、これを契機として体質の転換が行われた。この時点が近・現代の開幕に相当する。その時点は具体的にはいつ頃かと言うことになるが、早くはアヘン戦争の一八四〇年頃か、その後の太平天国の乱(一八五〇)、遅ければ孫文による辛亥革命(一九一一)頃で約半世紀の幅がある。とにかく中国が西洋の侵略を受けて半ば植民地化されたことにより、民族的自覚を呼び起こし、敢然として古い殻を打ち破ろうとしたのである。

一九世紀の半ば頃から中国は西洋諸国の武力的侵略によって半植民地化される一方、内部的には半封建的な清朝の政治が腐敗しかけ内憂と外患に苦しめられた。

これらの国難を打開して近代化を進めた歴史こそ中国の近・現代にほかならない。

澎湃として起った中国人の民族意識は列強の侵略と干渉と闘いつつ自らの国内体制の確立につとめた。はじめに着手したのは古代帝国以来二〇〇〇年も続いた皇帝制度と世界国家的優越思想を捨ててはじめて近代国家の形態たる共和国を実現させたことである。

これがためにまず「清」朝を滅ぼし、「中華民国」を創設すると共に諸外国からの圧迫によって被った不利益な不平等条約の撤廃を求めて困難な闘争を開始した。

孫文および蔣介石はこの民国革命の先頭に立って近代化を進めるが、この間に毛沢東の率いる中国共産党の誕生があり、日中戦争をはさんで国民党と共産党の相剋が一九四九年まで続いた。この様に長年にわたり、内戦と外戦を続けた「中華民国」政府は次第に中国共産党の勢力に押されてその力を失い、ついに共産党が国民政府を台湾に駆逐して一九四九年「中華人民共和国」を大陸に建設し、社会主義国家となった。

中華人民共和国は、以来内外の幾多の諸問題を解決しつつ着々と国内の整備を行い、今や米・ソの二超大国に次ぐ強大な国家に成長しつつ依然として近代化の道を驀進し続けている。

(2)　戦争と兵制

「清」を滅ぼして共和制近代国家を建設した中華民国は、その基礎を確立するためまず中国各地に勢力を持つ軍閥の打倒をはかって国内戦を敢行した。

中華民国の国民政府はこの間国民党軍の増強をはかり、将来は徴兵制の統一軍隊の成立を志したが、打ち続く戦乱、特に一九三七年、日中戦争に突入して以降は募兵制の採用や軍閥の力に頼らざるを得ず、併せて直系軍自体に内部的腐敗が生じ、ついにその目的を完全に果し得ないうちに共産軍との内戦に敗れて台湾に後退した。

第二次大戦直後の国・共内戦によって勝利を得た共産軍はこれに代って中華人民共和国を建設したが、その軍制は一九五五年に義務兵的な徴兵制を採用するに到った。

中華人民共和国の成立に先立って共産軍の人民革命を成立させた過程における兵制を見ると、一九二七年に義勇軍として「紅軍」を創設し、これを正規軍とし、これに加えて赤衛軍を編成してこれを地域防衛軍として両者相協力して遊撃戦を展開するほか、別に労働暴動隊を作り、補給、築城、偵察、警戒、連絡等の支援業務を行った。

「紅軍」はその後名称を「八路軍」に変え、一九四七年には「中国人民解放軍」に改め今日に到っている。

現在、中華人民共和国の兵制は人民解放軍（正規軍）、基幹民兵（地域防衛軍）および普通民兵（自衛組織と補助任務）の三種に分けて相互に緊密な関係を保持しているが、構造的に見ると正規軍と民兵に大別され、民兵は生産と密接に結びついた大衆的な人民武装組織である。

これは歴史的に見ると遠くは「元」次いで「清」の軍制に類似している。特に正規軍と民兵との関係は「清」の時代における八旗制と緑営との関係を想起させるものがあり、兵農一体の国民皆兵思想を持つ北方系の民族の伝統的兵制に通ずる。このことは中国の兵制史から見て興味ある問題を提起している。現在人民解放軍の兵力は約三〇〇万、基幹民兵約三〇〇〇万、陸軍二五〇万（約一四〇師）、海軍三五万トン（一四〇〇隻）、海兵隊三万、空軍約四〇〇〇機を数える巨大な武装国家の態様を整えているが、この規模は中国史上未曽有であると言えよう。

(3) 兵器および戦法

世界の列強に遅れて近代化の道を歩いた中国には特筆すべき兵器として見るべきものはなく、一般の水準は低い。しかし一九六四年に核開発が行われたことに見られるように今や着々と装備の近代化が進められている。

ただ現代中国の成立過程における軍事思想には注目すべきものがある。それは人民戦争とそのやり方である。広大な領土と膨大な人口を抱えた中国はその後進性を挽回するため、マルクス主義の社会主義国家を建設すべく、国民を人民戦争に結集した。人民戦争は発生史的にはゲリラ戦の戦術的概念であるが、基本的には後進国中国が社会革命を達成するための戦略的組織形態として捉えることに重要な意義がある。

「敵進めば我退き、敵止まれば我抗し、敵疲れれば我打ち、敵退けば我進む」の標語は、過去の対日戦や国内戦において使われた遊撃戦の原則である。この平易な言葉の中に古代以来の無理な戦闘をせずに成果を収めて行こうとする伝統的な兵学思想がある。

また政治がすべてに優先して軍事をコントロールし、民衆を一つの思想に統一しつつその昂揚をはかろうとする中国統治の基本的理念とも言うべきものの中にも、伝統的な中国の体質と無関係には論じ難いものがあるようである。

「夷をもって夷を制す」「遠交近攻」の外交謀略に見るように、多様性を持つ国民の思想をうまくコントロールして、易姓革命や儒教的統一を行ってきた中国の外征、統治の実績や、「明」末以降次第に盛り上って来た民衆運動を巧みに統合させて来た戦略等を、現代の中国のそれと関係づけて見ることは意味のあることである。

中国の歴史は漢民族の同化力によって南方民族の長所と北方民族の長所とを採りつつ次第に両者が統合されて来たことを省みるとき、大所高所から見る軍事思想は今や過去に見られなかった南北の融合の所産であることを感ぜずにはいられない。

現代中国がその建設の過程にとって来た軍事戦略の思想については後述する。

世紀	王朝	事項
前八	東周 四〇〇／春秋	七〇 周室の東遷 春秋時代の開始
〃七		
〃六		三八 泓の戦 三二 城濮の戦 六〇 孔子誕生
〃五	春秋／戦国	九七 郊の戦 八九 鞍の戦 〇三 戦国時代のはじまり
〃四	戦国	九四 呉越戦（孫子） 三三 蘇秦の合従説 一一 張儀の連衡説
〃三	戦国／秦 一五	四一 葛陵の戦 六〇 長平の戦 二一 秦の天下統一 〇二 漢の建国 劉邦・項羽を破る
〃二	前漢 五〇〇	五四 呉楚七国の乱 二一 匈奴戦 一八 赤眉の乱
〃一		九七 司馬遷（史記）成る 仏教中国に伝わる

一	新	〇八　新の建国　王秦、漢を亡ぼす 二五　後漢を建つ　劉秀（光武帝）
二	後漢　二〇〇	八四　黄巾の乱
三	三国　一〇〇	〇八　赤壁の賦　三四　五丈原の戦（蜀漢の滅亡） 九九　八王の乱
四	晋　一五〇	一六　晋亡ぶ　華北は五胡十六国時代 八三　淝水の戦
五	南北朝　一五〇	二〇〜五八九　南北朝時代 八五　均田法の実施
六		二三　六鎮の乱　四九　侯景の乱 八九　隋、中国を統一
七	隋　一五 唐　二六〇	一一　隋の高句麗遠征（四五　大化の改新） 一八　唐の建国 六三　白村江の戦　九〇　募兵制度行わる
八		五五　安史の乱　均田法の崩壊
九		七五〜八四　黄巣の乱　遣唐使の廃止（日本）
一〇	五代	〇七　五代の開始 七九　宋の中国統一　遼建国

世紀	王朝	事項
一一	宋　三〇〇	三八～一二二七　西夏　六九　王安石の新法
一二		二七　靖康の変
一三	元　一〇〇	〇六　モンゴル帝国の成立　ジンギス汗の遠征 一九　蒙古、ホラズムを滅す　三四　蒙古、金を亡ぼす 七四　文永の役　八一　弘安の役　七一　元の誕生
一四	明　三〇〇	五一　紅巾の乱、これより群雄割拠す 六八　明の建国（朱元璋）
一五		〇五～三五　鄭和の南海遠征　一四　オーライト遠征 四八～四九　鄧茂七の農民反乱　四九　土木の変
一六		二〇頃　北虜南倭いちじるしい 三七　ポルトガル、マカオに植民　六四　倭寇を破る 八一　ヌルハチの挙兵　九二　文禄の役　九七　慶長の役
一七	清　二五〇	一九　サルフの戦　三一　李自成の乱 四四　明亡ぶ、清の建国　六一　鄭成功台湾占領 七三　三藩の乱　九〇　ズンガル征伐
一八		二七　ロシヤとキャフタ条約　四七　金川の乱 五九　東トルキスタン平定　六六　ビルマを伐つ 九六～一八〇一　白蓮教の乱
一九		四〇　アヘン戦争　五〇　太平天国の乱起る

		五六　アロー戦争　八四　清仏戦争　九四　日清戦争
二〇	中華民国	一〇　義和団事件　四　日露戦争　一二　辛亥革命、中華民国の成立
		一四　第一次世界大戦　二〇〜二四　安直戦争
		二一　中国共産党の結成　二七　蔣介石の北伐開始
		三一　満州事変　三七〜四五　日華事変　四九　中華人民共和国の成立
	中華人民共和国	五一　朝鮮戦争

三、『孫　子』

『孫子』とは何か

『孫子』は中国古代の諸兵書のうち最も著名度が高い。後述する中国の「春秋」および「戦国時代」に創られたと言われるが、その著者は明確ではない。

一般には時代を異にした二人の「兵家」によって書かれたものとされている。一人は春秋時代に呉王の覇業を助けたと言われる斉人の「孫武」であり、他の一人は戦国時代に魏に仕えた「孫臏」であると言われている。

ところが山東省において最近前漢時代の墓が発掘され、その中に蔵されていた多くの古文献の中に「孫臏兵法」が発見された。このことによって今日我々が口にしている『孫子』とは孫武の兵法のことであって、孫臏と『孫子』とは関りがないのではないかとの指摘も出はじめている。

まだ確実な証拠は得られていないが、現在の『孫子』一三篇は三世紀の三国時代に魏の曹操によって整理され、「魏武註孫子」と称せられているものである。

『孫子』の誕生した時代背景

(1) 春秋時代（前七七〇〜前四〇三）

「孫武」が活躍したと言われる「春秋時代」とは、たまたま「孔子」がこの時代の歴史を書いてこれを「春秋」と称したことによる。黄河流域に発祥した漢民族は、春秋時代の初期には今日の河南省を中心とした黄河平野一帯の「中原」に数十を数える都市国家を創っていた。これらの諸国家に対して指導的な地位にあった「周」は「洛邑」に都を定めていたが、次第にその実力を失いかけていた。ここにおいて周室を輔けて天下に号令しようとする異民族が中原の周辺から相競って立ち、民族戦争が展開されるようになった。

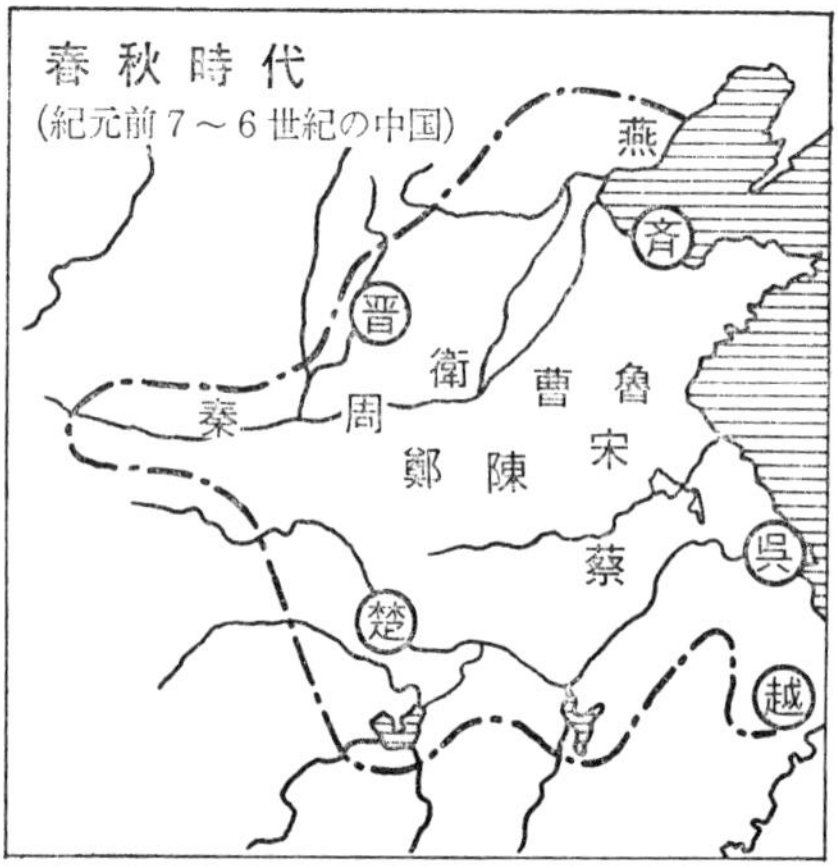

所謂「春秋の五覇」（上図参照）と称する斉、晋、楚、呉、越の諸国による相互の戦争である。このような事態になったのは中原文化が拡大し、それが周辺の異民族に対して民族的自覚を呼び起こす結果となり、一層強大な領土国家建設への意欲が昂まったことを物語るものである。

「斉」は海岸に近く食塩の製造販売を、「晋」は山西省付近にあって畜類を遊牧民族から中原諸国に転売することによりそれぞれ強大となった。「越」は浙江省の海岸以南、ベトナムに到る海浜の民族で、「呉」、「斉」と同系統の民族であったらしい。「楚」は武漢地方を領するインドシナ半島の北部の民族であると言われる。

以上の五覇は最も勢力が強大であり、かつ既往の「周」を中心とした系統とは民族を異にした所謂「蛮夷」であったことから、この勢力争いは中国古代史上の社会的な構造の変革期の事象と見ることができる。

「孫武」は当時最も強大であった「斉」人であるが、司馬遷の『史記』に現われている限りにおいては、「楚」次いで「呉」に仕えて呉楚戦争や呉越戦争に参加している。

春秋時代の争乱はその後一層激化して三〇以上の諸国の割拠となった。

(2)　戦国時代（前四〇三～前二二一）

「戦国時代」の名称はこの時代に活躍した「韓非子」が書いた「戦国策」から引用されたものであると言われている。春秋時代の争乱がこの時代になると勢力分布に変化が生じ、所謂「戦国の七雄」と称せられる強国の対立となった。「晋」が一時強大となったが、軍国主義の道を歩んだ結果分裂し、「韓」、「魏」、「趙」の三国に分かれ、これに「斉」と「楚」（呉・越を併合）および新たに陝西省南部の農業適地に興った「秦」並びに河北省北部の「燕」と称する七国であり次頁の図に見る通りである。

これらの国々が春秋時代と異なる点は、第一に常備軍を持ち、第二に軍事に精通する専門職の将軍の出現を見たことであるが、戦争規模も一段と拡大し、軍事国家の様相を濃くし、名実共に都市国家から領土国家への移行が顕著となった。これに伴い国境という観念が生じ、時には自国の領土を保護するために境界線に長城を築きはじめた。特に四方を他国に囲まれた「魏」は「秦」との国境に黄河と平行して長城を構築している。

経済面の変革も著しく、穀物や絹等が貨幣の用途に使われていた自然経済から、黄金や青銅貨が用

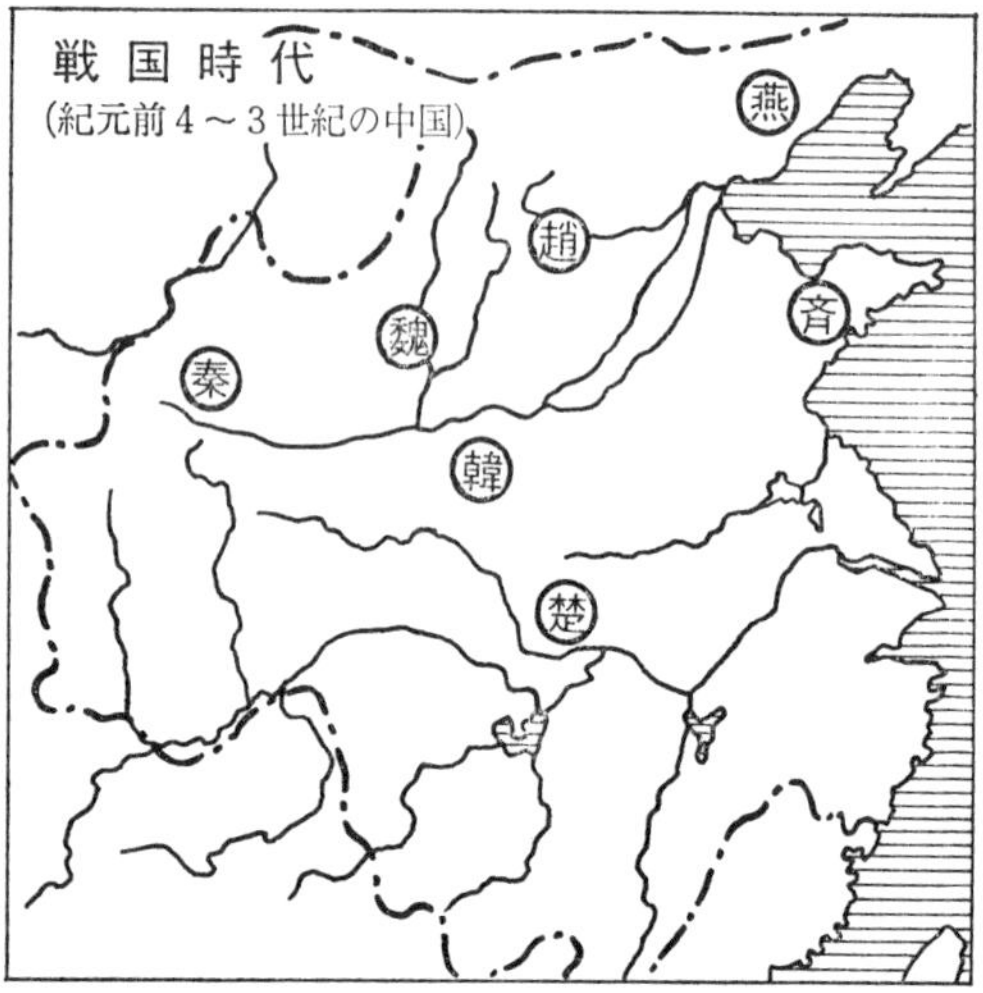

いられるようになり、物資と黄金の集中する大都市は空前の好景気を迎えている。ここにおいて庶民生活は潤い、自由な時間を得て、諸々の新しい文化が生れた。

　このように経済、文化面における著しい発展と裏腹に、弱肉強食と下剋上の実力主義が台頭し、戦争規模はますます拡大し、軍事的にも著しい進歩を見たのがこの時代の特色である。

「孫臏」はこの時代に戦国の七雄の中の有力な国「魏」を破った「斉」軍の軍師であったのである。

(3)「諸子百家」と「兵家」

戦国の君主達はそれぞれ強大な主権を握り、ある程度まで自由に行政を施行することができるようになると、なんらかの依拠すべき政治原理が欲しくなってくる。そこで各国の王侯は争って政治理論に通達した学者を招いて治世の参考にしたいと考えた。この結果宮廷が一種の社交場となり、内外の学者が集まって互に議論を闘わせ、各々がその理論を世に拡めようと競いあった。「諸子百家」と呼ばれるのが、これらの学者たちの総称である。

　その主要な理論は「儒家」「墨家」「道家」「法家」「縦横家」「農家」等によって代表され、「兵家」もまたその一家を形成しているが、これらはそれぞれがさらに諸派に分岐し、まさに「百家争鳴」の観を呈したと言われる。もとよりこれらはいずれも漢民族特有の深遠な哲理を持っている点において文化的評価は高く、かつ各家の有する思想の多様性が今日の世界のあらゆる思想を包含していることは興味深いものがある。中国思想史上、特筆大書すべき画期的な時代であると言っても過言ではなかろう。

これらについて説明を加えることは本節の主旨ではないが、概して言えば前記の如く深遠な哲理を含みながらも観念論に偏することなく、むしろ戦国の対立が激化すると共に学問の有用性が増大し、そこには戦術があり、論理学があり、実用を重んじた功利主義の学説は近代にも適合する点が多く、中国人の現実主義的性格を覗かせている。

これらを軍事的観点から総合することは極めて困難なことであるが、概して戦争は認めながらも已むを得ざる場合に限り、防戦のみが許されると説く「墨家」の立場や、外交・謀略を重視する「縦横家」の説、権力による秩序の維持を強調する「法家」の立場等を見ると、戦略や軍事規律に特色を有する「兵家」の思想もまた、これらと無関係ではなかったと思われる。

これらの諸思想を通じて周以前の太古の帝王の系譜が成立したり、漢民族の文化推進のバックボーンとなった四書・五経等の学問書が生れたこともまた後世に貢献した大きな意義を持つ。

軍事思想の発展においても、さきに述べた古代の戦法には鉄器の使用と騎馬戦術の採用の具体的な面と、兵家を代表する軍事学の面の両面の発達を見逃すわけにはゆかない。

(4)　中国の古兵書

兵家の残した代表的なものに『七書』がある。『孫子』『呉子』『司馬法』『尉繚子』『六韜』『三略』『李衛公問対』の七書を言う

この中でも『孫子』および『呉子』が特に有名であり、わが国ではこの両者を併せて「孫呉の兵

法」と称せられている。

一般に中国の思想形成にあたっては儒教と道教の影響が強いと言われているが、『孫子』『呉子』共にその例外ではない。

特に『呉子』は覇道には武力の必要なことを説き、敵に勝つためには権謀術数を意としない純粋の兵学的な面と、王道や仁義を正面に押し出す儒学的な面とが混在していて古代中国人の戦争観の一端をうかがうことができる。

これに比し『孫子』は老荘、道家の思想が強いと言われているが、『呉子』とのちがいには大した差は見られない。むしろ「諸子百家」の多くの思想が混入されていることに、より重要な意義があると思われる。

そのほかの兵書は概して『孫子』の焼き直しの感が強いが、『孫子』の研究にはよき参考となりうるものが少なくない。

『孫子』をもって当代随一の書と言われる所以は文章が簡潔でかつ最も体系化され、深遠な哲学をもって一貫されているところにある。

『孫子』の内容概観

(1) 『孫子』のねらい

『孫子』は戦争に処する心構えについて当事者、特に為政者および将軍を対象として記述されたものである。

前項に述べた時代的、地理的環境を背景として生れた本書は、農耕民族として成長しつつあった漢民族が、経済、文化の面において著しい発達をとげて新しい時代の変革期を迎えようとした時期の所産であることを念頭から離してはならない。つまり本書の特色とするところは第一に、戦争は国家の存亡に関わる大事であるから軽々に行うべきものではないとし、第二に、已むを得ず戦争を行わざるを得ない場合には、予め十分に検討して戦火を極力回避し、外交・経済の面からその安全性を確かめること、第三に、したがって戦火を交えざるを得ない場合においても敵国軍隊を打ち破ることが最善の方策ではなく、最小限の損害によって勝利を獲得する方法を講じなければならないとする思想において、一貫した不戦主義、政治外交優先、万全主義が見られるという点である。

以下これらのねらいおよびその根底に存在する『孫子』の戦争観について触れることにする。

(2)　『孫子』一三篇とその体系

『孫子』は別表『孫子』の記述体系に示すように始計第一から用間第一三にわたる一三篇からなる。始計第一は総論・序章であると共に全篇の基礎となるもので、これが前項の『孫子』のねらいのすべてを含んでいる。

作戦第二は経済的側面から、謀攻第三は外交的側面からこれを補足したもので、最後の用間第一三と共にこの四篇は『孫子』の戦争の基本態度として、主として為政者および最高統帥に任ずる将軍に対して力説しているところである。

次いで軍形第四から火攻第一二の間は主として将帥・指揮官等の担任する作戦指導の分野に属するが、そのうちで軍形第四、兵勢第五、虚実第六の三篇は始計第一の精神を受けて作戦戦闘に臨む者の基本原理について物心一如の哲学を述べている部分である。さらに次の軍争第七、九変第八、行軍第九は上記三篇の基本原理に基づいて対敵行動を行う場合について、またさらに次の地形第一〇、九地第一一、火攻第一二の三篇は環境条件としての地形、天候等の要因を重視した作戦用兵を論じたものである。

そして最後の用間第一三は第一から第三に至る大綱の結論であると共に全篇を通じて共通した重要事項としての情報の意義を力説して完結させようとするものである。

『孫子』の記述体系

始計（一）			（戦争対処の基本原理）	戦争指導
作戦（二）	謀攻（三）		（経済、外交の立場からの補足）	戦争指導
軍形（四）	兵勢（五）	虚実（六）	（作戦対処の基本原理）	作戦指導
軍争（七）	九変（八）	行軍（九）	（対敵行動の方法）	作戦指導
地形（一〇）	九地（一一）	火攻（一二）	（環境条件を加えた方法）	作戦指導
用間（一三）			（戦争、作戦に共通する情報）	共通

(3) 不戦主義の思想

『孫子』の不戦主義は逃避を意味するものでは決してない。国の存亡に関わることであるので慎重に考えよとの主旨であるので、事前に勝敗の帰趨を計算して無暗に戦争を行うべきでなく、勝算があってはじめて決心すべきであるとするものである。またたとえ勝算があったからと言って敵に戦いを挑むべきではなく、要するに戦わないで敵の交戦意志を屈すればそれが最良の方策であるとした。

そもそも戦争は多大の出費と損害を招くものであるから、たとえ勝ってもその疲害は大きい。したがって第一には戦うべきか戦うべからざるかを検討することであり、第二に戦うことが有利であるとした場合においても、武力に訴えることなく、政治、外交によって交戦せずして目的を達成す

べしとする国家戦略の基本にほかならない

不戦主義の思想を現わす言葉に次のものがある。

「亡国は以て復た存すべからず、死者は以て復た生くべからず。故に曰く、明主は之れを慎しみ、良将は之れを戒しむ。これ国を安んじ軍を全うするの道なり」（火攻第一二）

「凡そ兵を用うるの法は国を全うすることを上となし、国を破るは之れに次ぐ……」（謀攻第三）

この場合、軍や国を全うするということは敵軍や敵国を完全なままで帰服させると言う意味で、彼我両軍ともに損害を出さないことである。

⑷　開戦準備の尺度

それでは和戦決定のために何を尺度として勝算をはじくかと言えば「五事」と「七計」によって彼我の状況を明らかにすることであるとする。

五事とは道、天、地、将、法である。上下一致（道）、将徳（将）、秩序（法）等は人に関することであるので、天・地・人の三要素を我において確立しておくことを基礎条件とし、これを基礎にして彼我の関係を比較してその優劣を検討することを七計と言う。

五事は平素から我において準備しておくべきものであり、七計は活発な情報の収集によってその目的を達し得るものである。これこそが開戦準備の常道とも言うべきものであるが、戦争には常道と共に変道がある。これを「詭道」と称するが、敵の目をごまかすことである。戦う前からさまざまの宣伝・謀略等によって敵を油断させたり、緊張させたりして敵の意志を動揺させることも重要な計算の尺度であるとする。もちろんこれは常道が基礎にあってこそ「詭道」が可能となるもので、この二つの要素は戦争を決意するための不可欠の要素である。

この常・変二つの要素とその関係は『孫子』の戦争哲学の基本原理であり、開戦準備の尺度であるばかりでなく、戦争指導作戦指導のすべてに通ずる基本原理である。

(5) 外交・経済の優先

以上によって我に勝算ありと認めた場合においても、戦争指導にあたっては政治を優先させて、外交・経済面でぬかりのないようにすることが力説される。

速戦即決の武力戦を極力効果あらしめるために敵国の経済力を利用すること等は留意すべき経済的側面であり、戦火を交える前に敵の交戦意志を挫くことは外交的側面であって、共に戦争指導上の重要な眼目であるとしたことは次の語句に見るとおりである。

「兵は拙速を聞くも未だ巧なるの久しきを見ず」（作戦第二）

「糧を敵に依る」（〃）

「百戦百勝は善の善なるものにあらず、戦わずして人の兵を屈するは善の善なるものなり」（謀攻第三）

「上兵は謀を伐つ、次は交、その次は兵、最も下なるものは城……」（〃）

(6) 万全主義の思想

このようにしてまず経済、外交面の優勢をはかり、なおかつ敵を討つ場合においては、「兵を用いるの法、十なれば則ち之を囲み、五なれば則ち之を攻め、倍すれば則ち之を分ち、敵すれば能く之と闘い、少なければ則ちよく之を逃れ……」（謀攻第三）に見る如く決して無理をしない。また、

「先づ不可勝《かつべからざる》を為して以て敵の可勝《かつべき》を待つ」（軍形第四）

「善く闘う者は勝ち易きに勝つなり」（〃）

「勝兵は先づ勝ちて而《しか》る後戦を求め、敗兵は先づ戦いて而る後勝を求む」

（〃）

以上は作戦・戦闘面を対象としているが、これまでに述べてきた不戦主義、開戦準備の態度、外交・経済の優先等における諸問題はすべて、戦争に処するにあたって一貫した万全主義にほかならない。

(7) 情報の重視

『孫子』が情報収集に力を注いでいる度合いは、それが全篇を網羅しているところから見ても並大抵のものではない。要するに、事前に諸々の事情を知っておくことが戦いに勝つ所以であるとして、まず己れを知り、次いで敵、さらには環境条件となる地形、天候等情報収集の範囲はまことに広い。また上下の関係においては為政者、将軍その他各級指揮官に及ぶが、君主や将軍のような国家の安危を握る責任者の情報活動を特に重視している。

　このようにすべての判断は情報によって正しきを知ることを前提としているが、第一に友軍を知ることおよび戦略情報を重視していることは『孫子』情報の特色であり、次の言葉に見る通りである。

「之（五事）を知る者は勝ち、知らざる者は勝たず」（始計第一）

「彼を知り、己れを知る者は百戦して危からず。彼を知らず己れを知らば一度勝ちて一度負く。彼を知らず己れを知らずば、戦う毎に必ず敗る」（謀攻第三）

「戦に地を知り、戦の日を知らば、則ち千里にして合戦すべし、戦の地を知らず、戦の日を知らずば、左右を救う能わず」（虚実第六）

「故に曰く、彼を知り己を知る時は勝、すなわち危からず。天を知り地を知る時は勝、すなわち全かるべし」（地形第一〇）

「百金を愛して敵の情を知らざるは不仁の至りなり。……勝の主にあらざるなり」

（用間第一三）

第二は情報収集にあたる態度についてである。いかなる情報と雖もこれを収集する者の心が正しくなければ正しい情報は得られない。特に国家戦略のような最高の機密に属する内容については担当者の心掛け如何が大きく影響することを戒しめた点もまた特筆すべきことである。

「聖智に非んば間を用うる能わず。仁義に非んば間を使う能わず、微妙に非んば間の実を得ること能わず。微なる哉、間を用いざる処なきなり」

このようなところに着目するのも物心一如、己れを中心とする精神修養を重視する態度がうかがわれるところである。

(8) 統率中心の兵学書

兵学書には大別して用兵理論を説くものあり、統率論を説くものあってそのねらいは必ずしも同一ではないが、概して言えば統率を中心とする兵学書が『孫子』の立場ではなかろうか。

西洋の兵書が概して客観的事実によって実証されるべき用兵の理論書の傾向が強く、したがってその裏付けとして戦史、戦例が不可欠の要素となっている。

これに対して『孫子』は統率者の責任を中心としてその心掛けるべき態度を追及する度合が強い。したがって叙述は自ら精神的な面に傾かざるを得なくなる。これは『孫子』が現在わが国においてよき経営書として推奨されている所以である。特に将たるものの能力と責任が戦いに及ぼす決定的要因であることについては以下述べる各語句に見るとおりである。

「将わが計を聞いて之を用いば勝たん、将わが計を聞かずして之を用いば必ず敗れん」（始計第一）

「兵を知るの将は民の司令、国家安危の主なり」（作戦第二）

「将は国の輔《ほ》なり、輔周《あまね》ければ国は必ず強し、輔隙《すき》あれば国必ず弱し」（謀攻第三）
「将能ありて君御せざるは勝つ」（〃）
「三軍は気を奪うべし。将軍は心を奪うべし」（軍争第七）
「将、九変の利に通ずる者は兵を用うることを知る。将、九変の利に通ぜざる者は、地形を知ると雖も地の利を得る能わず」（九変第八）
「将に五つの危あり。死を必するは殺すべし。生を必するは虜《とらわ》るべし。忿速《ふんそく》は侮るべし。廉潔なるは辱かしむべし。民を愛するは煩わすべし。凡そこの五者は将の過なり。兵を用うるの災なり」（九変第八）
「兵に走あり、弛あり、陥あり、崩あり、乱あり、北あり。凡そこの六者は天地の災にあらず、将の過なり」（地形第一〇）
「将は慍《いきどおり》を以て戦を致すべからず」（火攻第一二）
「敵の情を知らざるは不仁の至りなり。人の将に非ざるなり」（用間第一三）

次に将たる者の徳を智、信、仁、勇、厳の五つとし、将徳は道、法と共に五事の重要な要素としていることから、我々は戦いにおいて将の人徳が戦理を運用するための根底であることを強調しているのを知る。

これにより、中国を伝統的に支配した儒学の精神が、戦いを主催する場合においても根強いものがあるのを知る。

「卒を視ること嬰児の如し。故に之と倶に深渓《しんけい》に赴くべし。卒を視ること愛子の如し、故に之と死を倶にすべし」（地形第一〇）に見る如く、各所に「仁」に関しての語句の散見されるのはこの辺の事情をうかがわしむるものであろう。

さらに軍の統帥は政・軍の関係においてしばしば混乱を生ずることのあるのは古今の戦史に見るとおりであるが、『孫子』は作戦・戦闘において為政者の軍に対する統帥干渉を行うことを戒しめ、将たるものの能力を遺憾なく発揮させるよう、要すれば独断活用さえも奨励している。

その他、軍を指揮する者はかくあらねばならないとの立場で記述している面が少なくない。その場合多くは「善く戦う者は斯様な行動を採るものである」式の表現を使用している。このことは所謂戦理を軽視あるいは無視しているのではなくて、「運用の妙は人に存する」との立場を重視しているものと見ることができよう。

人間を中心とする物心一如の基本態度が強く感ぜられるところである。

(9) 地形の重視

「それ地形は兵の助けなり。敵を料《はか》りて勝つことを制し、険阨遠近を計るは上将の道なり。これを知りて戦いを用うる者は必ず勝つ。これを知らずして戦を用うる者は必ず敗れる」とは地形第一〇に述べているところである。

『孫子』の兵書内容の特色の一つとして地の利に関して述べているものが極めて多いことである。少なくとも作戦用兵を論じている軍争第七から九地第一一にわたる五篇において地形を取り扱わないものはない。これは思うに農耕民族にとって欠かすことのできない戦場の客観条件であり、天の時よりも地の利を人の和に次いで重視している証左である。

ただしこれらは自然地理的な地形学ではなくて、戦術および戦略に関する用兵地形学に属するものであり、さらに表現を選ぶならば「地形統率学」と称することができよう。

つまり前項の統率中心の兵書の立場から見れば『孫子』はまず我を、次いで敵に対する対人統率に止まらず、地形をも対地統率の部類で取り扱おうとするような気構えを感じさせるものがある。冒頭に述べた「険阨遠近を計るは上将の道」においてこの間の消息を物語るものがある。

我々は西洋の軍事思想の一要素である地理的要素が地形主義兵学から地政学的兵学に到る広汎な変遷のあったことを承知したが、『孫子』の地理的要素においてはすでにこれらのすべてが網羅されていたのを知り驚かされる。

『孫子』の思想的核心

(1)　『孫子』の哲学と方法論の基礎

『孫子』を概観して本書の特色がどこにあるかが理解できたことと思われるが、その根本を流れる思想上の核心とも思われる点を要約すれば「物心一如観」に立脚した実践的な「一体観」であると言うことができる。これは中国の伝統思想、特に後世の「朱子学」に見られるものであるが、多少理屈っぽい説明になると思うが、最も核心に触れる問題として紹介しておきたい。

一三篇を通じて表現こそ異なるが次のような相対立する概念が各所に散見される。

五事七計と詭道、経と権（始計第一）、常と変、静と動、正と奇、積水と激水、形と勢、実と虚（軍形第四〜虚実第六）等がこれである。この対立概念は本質において異なるところがないが、この両者の関係をいかに捉えるべきかについての考え方こそが一体観の哲学の理解の方法論である。この方法論が理想と現実、理論と実際との間の矛盾を解決して行くことにもなるのである。

(2)　「正を以て合し、奇を為して勝つ」（兵勢第五）

前記の対立概念を正と奇との関係で捉えれば、両者の間に優劣をつけるべきものでなく両々相俟って全体を創り上げているものであることを理解する必要がある。

このことついては「奇正の変あげて窮《きわ》むべからず。奇正相生じて循環の端なきが如し、何れか能く之を窮めんや」（兵勢第五）と説明している通りである。

それにもかかわらず、正をはじめ常、静、形、実があってこそ奇をはじめとする変、動、勢、虚がこれに伴うものであることを基本と応用の関係において定めていることである。

戦争もまた政治があって作戦があり、五事七計があって詭道があるとの立場を崩していない。つまり政治が正であるならば作戦は奇として成立し、両々相俟って戦争が成立すると言うものである。

作戦においても同様に政治に対しては奇であるが　作戦そのものの中にも正と奇との関係は存在する。すなわち、詐をもって立つべき作戦の本質は迂をもって直とする間接的アプローチをその本命とする限り敵を奇襲することを重視するものであるが、さりとて正攻法が邪道であるとしていない。一に情況によって断定し難いものであるとしているのは本項表題に掲げるとおりである。

このように戦いは形があってなきが如く、ないようであって形あるものであることは、あたかも水に常形がないのと類似している。これを『孫子』は「神」と言っているが、この状態においてこそ敵に勝つ所以であるとしているのである。

このような変幻自在の境地にあって軍を指揮する者は「人を致して人に致されない」高い水準にあるものである。

奇は奇のみの奇ではなく、その根底に正を持つところの奇であってこそはじめてこのような関係を生じうるものであるとするところに『孫子』の真骨頂があると言うものである

(3)　虚実一体を現わすもの

「その疾きこと風の如く、その徐《しずか》かなること林の如く、侵掠すること火の如く、動かざること山の如し」は所謂「風林火山」と称せられるもので以上の意味を端的に表現したものと思われるが、これは

戦場の様相であると共に、有能な指揮官の行う用兵の極地を現わしている。また「常山の蛇」として九地第一一に掲載されている次の語句も同様な状態を形容しているものである。「故に善く兵を用うる者はたとえば率然の如し、率然とは常山の蛇なり。その首を撃てば尾至り、その尾を撃てば首至り、その中を撃てば首尾共に至る」は兵法の極意、到達すべき状態を見事に説明しているものと言えよう。

四、西洋軍事思想との関係および比較

中国および西洋の軍事思想の交流

中国と西洋との間の文化的交流が古代から存在していたにもかかわらず、軍事思想についての交流に見るべきものがなかったのは、両者の間に武力衝突が少なかったことによるのではなかろうか。したがって現実に行われたのは一三世紀の蒙古族の西洋侵略以降のことであると言ってもよかろう。遊牧民族たる蒙古族、特にジンギス汗の戦法がヨーロッパ人に多大の影響を与えたことは想像に難くないが、西洋の近代以降の勇将等のとった戦法にはこの辺の事情を物語るものが少なくない。

これに比べて中国古兵書に見られる思想の伝播が近・現代に俟たなければならなかったのは、その理論の深遠さと、それが農耕民族的性格の遺産のためではなかったかと思われる。

現に『孫子』がヨーロッパにおいて翻訳された事実は一八世紀末期以降のことであり、しかもその思想が具体的にとり入れられたのは二〇世紀に入って、リデル・ハートの『戦略論』においてはじめ

て見られるとおりである。

次に反対に西洋の軍事思想が中国に伝わったと見られるのはルネッサンス以降、西洋が東洋に向って進出を企図してからのことであり、それも多くは西洋が開発した兵器およびその技術に止まった。これは中国の独善的な中華思想、特に「中体西用」の観念が西洋の近代的軍事思想の侵透を阻止したものと見られる。二〇世紀に入って中国が近代革命を行ってから、ようやく、日本を通じあるいは直接に西洋兵学を盛んにとり入れるようになったのであり、遅きに失した感がある。

中華民国はドイツ兵学の思想をとり入れたが、この頃から逐次台頭して来た中国共産党はむしろロシア、ソ連を通じて社会主義革命理論に基づく特異な革命兵学を継承発展させ、後述する人民戦争理論の基礎をつくり上げて行ったと見ることができよう。

以上のように西洋と中国の軍事思想の交流はそれぞれの民族性や立地条件が、これを活発にすることなく、ようやく現代に近くなってはじめて相互の認識を深めるに到ったものと思われる。

『孫子』と『戦争論』の比較

『孫子』とクラウゼウィッツの『戦争論』とは共に東西の不滅の古典として高く評価されているばかりでなく、わが国においてはしばしばこの両者が比較され、論評の対象となっている。

しかしこの両者は時代において約二〇〇〇年の隔りがあり、場所において地球の両極に位し、かつその著者は個人的にも経歴を異にするので、自らその編纂、思考方法、表現方法等において差違のあるのは当然である。このことはこれまでに述べてきたそれぞれの説明によって理解されて来たものと思われるが、昭和五年武藤章中佐が陸軍大学校の専攻学生として在学中の著作『クラウゼウィッツと孫子の比較研究』からその一端を次に紹介して参考に供したい。

(1)　『戦争論』は兵学の学理を究明することに重点を置いて若干の原則、法則を演繹し、その応用は一般学理の理解により適切に行わしめようとしたのに反して、『孫子』は若干の原則、法則をあげ、その応用の極致を教えんとした。つまり前者は「学理」に重点を置き、孫子は「応用」を主眼とし、共に形式に拘束されることを排した。

(2)　両者の表現方法は西洋と東洋の哲学との差異を直ちに具現するもので、『戦争論』は一事項に関し各方面からこれを観察して飽くまで理論の推移を辿り、条理ある結論に達しようとしたのに反し、『孫子』は直観的で直下《じきげ》に事物の本体を指示しようとした。

両者共通の難点はその真意をつかむことの困難さにあって、前者は哲理が玄妙で文章が複雑、後者は語句が簡約に過ぎて内容が極めて幽遠である。

(3)　クラウゼウィッツは過去の戦史と自ら体験したナポレオンの戦例を基礎として、純粋観念と現実との調和をはかり、学理と現実との一体化をはかり、観念の遊戯を排斥した。

『孫子』は自己の体験ではなく、古典書である『黄帝』の兵書を祖述したものに過ぎないので、その説くところは神鬼的であるがいささか理想に過ぎ、やや現実性を欠くの傾向がある。

「以上をもって両者の優劣を論ずることは全く無用有害と思われるばかりでなく、これを比較研究しようとしても常に必ずしも同一の対照を求めることができないので、我々はこれを併読して『戦争論』にその原理を究め、『孫子』において応用の妙を得るように努めることが必要である」と。まことに簡にして要を得た比較であると思われる。

筆者とても敢えて反論すべきものはないが、蛇足ながら次の二点を付加して参考に供したい。

第一点は相異点に関することで、農耕民族たる漢民族が儒教文化を背景とし、かつ武器の進歩が戦争に著しい影響をもたらさなかった時代において、『孫子』は地形的要素を用兵上重視したが、この点が『戦争論』との対比において着目されるのではなかろうか。

第二点は学理と実際の一体化に関する類似点についてである。これは『孫子』の正と奇との関係、つまり正を本とし、奇をその応用とする『孫子』の基本理念が、クラウゼウィッツの言う敵戦力の打倒を正とし、奇襲、詭計を奇とする考え方と符節を合わせている点において見事な一致点を見出すのである。

やや余談となるが、リデル・ハートはクラウゼウィッツのこの種の思想に対し、時弊矯正の立場から間接的アプローチを打ち出し、奇襲、詭計をもって用兵の主眼とした。そして『孫子』の奇をしばしば引用して、敵戦力の打倒に偏向する従来の思想を排撃している。

それによってリデル・ハートの思想がクラウゼウィッツよりも『孫子』に近いものの如く理解されている向きも見られるが、筆者の立場から見れば、むしろクラウゼウィッツの方が『孫子』に類似しており、この立場を理解することが、この問題の本質を理解しうることになると確信するものである。

五、中国軍事思想がわが国に及ぼした影響

中国古兵書の伝来

中国古兵書がわが国に伝えられたのは八世紀に遣唐使の吉備真備《きびのまきび》によってもたらされ、かつ普及されたものと言われている。これらがその後いかなる程度に伝わったかについて詳細を明らかにするこ

とはできないが、当初は学者の家に伝わり、次いで武将の間にも普及されるのであるが、多くは秘伝の書として戦国時代の末期に到るまで継続されたようである。

したがって中国の古兵法が広く武将の間に使用されたとは言い切れない。後三年の役における源義家、南北朝時代の楠正成、戦国時代の武田信玄等の逸話に彼らが『孫子』の兵法を用いたり、信奉したことが残されているが、多くは江戸時代になって書かれたものであるだけに、その実態を明らかにすることはできない。

ただ一番多く引用されているのが『孫子』であるようだが、これは『孫子』の兵法が適用されたと言うよりは、日本の武将が身をもって体得し、創造した戦法がたまたま『孫子』の兵理に合するところが多かったが故に、後世になってそれらの武将を権威づけるために足跡を、『孫子』の兵理をもって飾り立てたと思われるふしが多いように見受けられる。

それにもかかわらず、戦国以前の武将にとって中国古兵書の権威は決して軽視することができない程影響力があったものと見ても差し支えはないのではなかろうか。

中国古兵法が本格的にわが国の武士の間に拡まったのは何と言っても江戸時代を迎えて以降のことであると言ってよかろう。

江戸時代の兵学研究の経緯

江戸の幕藩体制が確立後は幕府は武士達に個人的教養を高めるため太平の世にもかかわらず、中国古兵書と戦国時代の実戦の経験をもとにして兵学の学習を奨励した。大小諸流派を合すると実に八〇余に上るほどに兵学が諸流派に分れて盛んになった。

それは寛永年間にはじまり幕末に到るまで継続するが、その中での終始一貫した『孫子』『呉子』

を併せた「孫呉兵学」の日本的研究と実践陶冶には見るべきものが多かった。

朱子学の影響を受けて『孫子』の解釈が最も盛んで、荻生狙来や山鹿素行の『孫子諺義』は極めて水準の高いものとなり、日本化された「孫呉」は世界に冠たるものがあり、またわが武士道の真随ともなった。

主要な流派をあげれば甲州、北条にはじまり、山鹿、越後、長沼、風山等の流派が元禄文化に開花し、中期以降は源家古法に見る闘戦経や合伝流が国学の隆昌と共に兵学の内容を修正しつつ幕末までその生命を続けた。

江戸期『孫子』兵学の特色

江戸期の『孫子』が武士に与えた影響は多々あるが、その最たるものは実践主義の精神陶冶ではなかったろうか。一見すると『孫子』の語句の解釈に終始した観念的な研究のように見受けられるが、物心一如、静動一体の哲学は武士をして文武両道、不言実行の気風を養成し、これが修練の尊さを覚えさせて苛烈な訓練主義へと向わせた。

第二は神秘主義とも言うべきものである。これは『孫子』の中には明確に見ることができないが、わが国の伝統的な生活感情が中国の陰陽五行や仏教の密教、禅宗とわが国古来の土着信仰等と合体して一種の神秘主義が醸成され、これが生命を的にする戦場の場において特に発揮された。戦国時代には戦闘用兵において、天候、気象、地形等と関係の深い占いが頻用され、これが「軍配兵法」と称する戦術の核心となっていた。さらにこれが『孫子』の兵法と結びついて前記訓練主義と共に江戸期の兵学精神の原点となっていた。

江戸兵学と西洋兵学の出会い等

幕末にわが国が西洋兵学を受け入れたことについては第一章に触れたところであるが、ここでは江戸時代に栄えたわが国の兵学、つまり中国古兵書を通じて培われた所謂日本化された孫・呉の兵学思想が、新たに輸入された西洋兵学との間にいかなる関係を生じたかに視点を向けて見たい。兵器技術において格段の発達を見る西洋兵学の実情を洋書を通じて承知した幕末のわが国が、刻々と迫り来る国防の危機に対応するためには孫・呉の江戸兵学をもってしては如何ともなす能わず、ここににわかに西洋兵学の摂取に取り組まざるを得なくなった。

このときにあたって日本人は「和魂洋才」の態度をもって臨んだのである。この態度とは申すまでもなく「日本の道徳、西洋の技術」、「日本の形而上学と西洋の知識」等の言葉に見られるように西洋から兵器・技術を学ぶことが日本の高度の精神文化を軽んずる所以ではないとして、積極的に西洋技術を取り入れることにやぶさかではなかった。

この点では同類の表現ながら、中国の「中体西用論」や「漢魂洋才」が独善的な中華思想から発した不遜な態度とは区別されなければならない。

かくて中国の古兵書を日本化した江戸兵学は、西洋兵学との間になんらのあつれきや葛藤を演ずることなく、むしろ両兵学の長所が相互に活かされ、共存しつつ発達して行ったのである。

このような経緯を踏んだ理由は前記の基本態度によるものであるが、そのほかに両兵学が一見異質のように見えながらも、基本的にいずれも実学的性格を持っていたことによることも注目しなければならない。

つまり、江戸兵学が朱子学の実学的理念によって発達したものであるが故に、外見こそ異なった西洋の実学的兵学を受け入れる素地を持っていたと言うことになる。

幕末から明治にかけて活躍した有名な元勲の中には東・西の兵学を二つながら修めたものが少なくない。

吉田松陰をはじめとする松下村塾の俊秀達、乃木希典、勝海舟、谷干城、坂本龍馬、橋本左内、河合継之助等が山鹿流の兵学塾に学び、また伊地知正治、西郷従道、高崎正風、大山巌、川上操六、東郷平八郎等が合伝流を学んでいたこと等がこれを物語っている。江戸兵学が中国の古典兵学の流れを汲むものである限り、この種の兵学思想はその後西洋兵学全盛の時代を迎えても依然として細々ながら絶えることなく、現代にまで継承を続けていることを忘れてはならない。明治以降今日に到るまでに、陸軍軍人の中には落合豊三郎、武藤章、大場弥平、高嶋達彦、岡村誠之、河野収（現防大教授）等の研究家が見られ、その他学者や経営者等の幅広い分野においても盛んに研究され、実践に応用されている。

六、中華人民共和国と人民戦争

人民戦争成立の条件

一九二一年中国共産党が誕生して以来約六〇年にわたって国内戦、抗日戦争を通じてその勢力を拡大し、この間国民党軍を駆逐し、諸外国の侵略を一掃して中華人民共和国を建設するに到った戦争のやり方を通常人民戦争と称している。

このやり方は従来の戦争方式と著しく異なるものがあるが、これを成立させた諸条件として次の三点をあげることができる。

第一は列強の先進諸国に比べて著しく後進性を持った国家であったこと、特に軍事力、とりわけ物的戦力が貧弱で近代戦闘に堪え得る実力を持っていなかったことである。

第二にはそれにもかかわらず広大な領土と数億に上る巨大な人口をかかえていたこと、そして第三に指導者が社会主義革命を目標としてマルクス主義的な革命戦略を持っていたことである。

この条件を踏まえて行われた人民戦争の特色は、総力戦による長期持久戦争で広大な領土を戦場とする原始的なゲリラ戦に全国民を駆りたてて、これを革命的戦略の中に結集したことにある。

この戦争方式が中国において成功するや、これがその他の後進諸国に大きな影響を及ぼし、現代戦争における一つの代表的なパターンとして登場するに到った。

この種の戦争方式は現代のおかれた環境においては成立すべき可能性を有するが、これが一時的な現象として見るべきものなのか、また中国の伝統的な軍事思想と関係があるものなのか等、今後研究されるべき内容を含むものが少なくない。

また軍事思想史の中にどの程度に位置づけるべきかについては、現在論ずる段階ではないかも知れないが、次に、中華人民共和国の指導者毛沢東の著述と実績等からその軍事思想の一端を紹介することに致したい。

毛　沢　東

毛沢東の人民戦争戦略の特色

毛沢東の人民戦争戦略とは次に掲げる各種の性格の戦略の

総合と見ることができよう。すなわち防御の戦略、殲滅戦の戦略、総力戦の戦略、長期持久の戦略および革命の戦略等である。

以下各戦略について説明する。

(1) 防御の戦略

自国の国土と人民をもって主要戦力とする戦争にあたっては、その戦略は全体的に見て防御戦略の思想である。戦略的防御が戦略的対峙を経て戦略的反攻への三段階を進める過程においてこれを成立し、発展させた戦術的手段こそは遊撃戦であった。

(2) 殲滅戦の戦略

以上のような三段階を進める過程を通じて貫かれた思想は、都市や地域の占領よりも敵の戦闘力を殲滅することを主眼とするゲリラ戦を前提とする。

この種の戦闘は防御の優越性を条件として、局所的にその成果を収めるために敵を深く誘い込み、引き入れて打つと言う戦術を用いた。

その場合には圧倒的に優勢な兵力を極力集中して完全殲滅をはかり、これによって部隊の士気を昂揚し、かつ敵から捕虜を獲得し、兵器を押収しうるので、全体的には戦闘力の強化につながるものである。したがって殲滅的戦術は戦略の重要な一環となる。

(3) 総力戦の戦略

総力戦の様相は近代、特に第一次大戦を契機として顕著になって来ているが、武力戦を中心として軍隊相互に勝敗を争い、多くの国民はその後方にあって広義の兵站に従事する形をとって来た。

しかし中国の行った総力戦は文字通り全人民が戦争に参加する度合いを一層濃厚にしている。

近代的武器を持たない軍はこれに代るのに人的戦力をもってしなければならないので、所謂「人海戦術」が有力な武器となる。

　また広大な国土がゲリラ戦を展開するための不可欠の国力、財力、戦力となって革命戦略の基盤となる。特に人的戦力の中で最も重要な要素となっているものは、革命理論によって武装された人民の精神力である。これが人民の結束を固め、対敵行動にあたっては前項の殲滅戦略を可能にしている。

　要するに、この総力戦の特色は天与の自然的条件を有する広大な国土と大量の人的戦力を総動員し、これを共産主義のイデオロギーのもとに結集させて、社会革命を実現させるための革命戦略を行使するところにある。

(4)　長期持久の戦略

　武力戦を短期間に終結させることは戦争指導の鉄則であるが、近代的軍隊に対抗して戦争に勝利し、かつ新しい国家秩序を建設するためには、戦略的に以上のような国土、人民および革命理論のほかに時間的要素が重要な条件となる。つまり長期間にわたって戦争を継続し、これによって敵国軍隊の戦力を疲弊損耗させてその戦意を挫折させる方法を講ずると共に、その長期戦に堪え得るために、この間他国の物質的援助を期待できなくても自らの力を蓄え、増進する自力更生を継続させて行かなければならない。

　戦争指導の鉄則を実行し得ない背景には、以上のような条件があるからであり、建設の過渡期における重要な戦略となる。

(5)　革命の戦略

「政権は銃口から生れる」「世界は銃によってのみ改造される」とは、マルクス主義社会革命が武力によってのみ達成し得るとする毛沢東の基本理念である。

　それなるが故に封建的旧体制を打開して最終目的を達成するためには、人民のすべてを革命意識に燃え上らせると共に、これまでに述べてきた諸戦略を駆使して、長期にわたる戦争の間に武力を蓄え、これを強大にするためのあらゆる手段を講ずるのである。

「農村による都市の包囲」もまた中国の特異な革命理論で、広くは世界の後進国にも影響を及ぼしている世界革命に通ずるものであるが、その根底には武力革命の理念が厳存している。

中国のゲリラ戦と毛沢東の基本戦術

人民戦争の戦略とは要するに弱者の戦略にほかならない。したがって戦術も当然このような考え方から生れたものであり、その代表的な戦闘方式こそゲリラ戦である。

しかしこのゲリラ戦は強力な敵に対して継続的に攻撃を続けて敵を疲れさせると共に、ゲリラ部隊の士気を高めて行かなければならないが、さりとて敵から重大な打撃を受けて崩壊してはならないというジレンマに立たされている。

また戦略的には防御戦である人民戦争は、戦術的にはこのような攻撃戦であるとのジレンマにも立たされている。したがって、「奇襲」「浸透」「分散」「小から大へ」「戦術的特殊条件の重視」「組織的な作戦条件の重視」などがゲリラ戦の原則となるが、一九四八年に毛沢東が明らかにした「十大軍事原則」はゲリラ戦術の基調をなす一般原則と思われるので次に要約紹介する。

毛沢東の「十大軍事原則」

(1) まず分散した敵を撃ち、集中した強大な敵はあとで撃つ。
(2) まず小、中都市および広大な郷村を占拠し、あとで大都市を占領する。
(3) 敵の生産力を殲滅することを主目的とし、地域の奪取は主目的としない。
(4) 絶対優勢の兵力を集中し、敵を四囲から包囲殲滅につとめ、不徹底な消耗戦を避ける。

(5) 準備と確信のない戦いは行わない。
(6) 勇敢に戦い、犠牲と疲労、連続作戦を恐れない気風を養うこと。
(7) つとめて運動戦によって敵の殲滅をはかる。
(8) 都市攻撃にあたっては敵の守備薄弱部を、中程度の守備に対しては状況と能力の許す限り機を見て、堅固な守備に対しては条件の成熟を待ってこれを奪取する。
(9) 敵の兵器と人員の大部を鹵獲《ろかく》、捕虜として自己を補充する。わが軍の人力と物力の補給源は主として前線にある。
(10) 部隊の休息と整備は二つの戦役の間を利用して行うが、休息を長きに失せぬよう、また敵に反撃の余裕を与えない限度で行うこと。

七、軍事思想を形成する諸要因とその相互関連性について
（本章のまとめ）

現代中国の軍事思想を考察する視点

現代中国の軍事思想はこれまでの歴史から比較すると著しい変革が感ぜられる。果して変りつつあると見るべきであろうか、それとも一時的な現象に過ぎないのであろうか。

これを断定することは極めて困難なことであり、また本書の意図するものでもない。ただこれまでの研究方法を通じて現代中国を観察する根拠ともなりうべき二点について、西洋軍事思想との比較に

おいて検討しておく必要があると思うのである。

その第一は軍事思想形成のための内的要因として、用兵思想、軍隊および兵器についての中国人の捉まえ方には、西洋のそれとは若干異なるものがあるのではなかろうかということである。

そして第二はもしこれらの要因の内包する概念に異なるものがあるとすれば、これらの諸要因が相互に作用し合って生ずる因果関係もまた西洋のそれと異なることになるのではないか。

以上の二つの視点を検討することが中国の軍事思想の将来を考察するための何らかの拠り所となり得るのではないかと思い、これをもって本章のまとめとしたい。

内的諸要因の内容について

(1) 用兵思想の特色

中国の用兵思想を考察するのに特徴とも思われるものは、用兵理論と共に統率が重視されていることであり、これが西洋のそれとの大きな比較要因となっている。

第一に、用兵理論は戦争における政治・外交上のテクノロジーが軍事上の作戦用兵よりも重視された。これは総合戦略、国家戦略が著しく発達し、その反面において軍事上の作戦用兵に関する理論は、有形的には西洋兵学で見られるような客観的普遍的な原理・原則において学ぶべきものが少ない。

第二に、統率とは中国伝統の儒教的理念から発する人生観、世界観に立脚した人間中心の哲学である。

この倫理的な内容を持つ実践的な道徳こそが、技術的な戦略・戦術の考え方の上位にあって用兵思想を支配した。換言すれば、彼らの用兵思想とは本質的には実践道徳であり、方法論的には政治戦略であるということになる。このように個人の道義と政治戦略によって形成された用兵思想は、西洋の科学的な客観性を持つ用兵技術的理論とは異なり、無形的な人間関係と直観的な幽玄さを有する統率論的表現によるのであって彼我の用兵思想の受け取り方を異にするのである。

(2) 軍　隊

中国における中央集権的な軍事制度は、歴史的に見て戦争を忌避し、軍隊を軽蔑する中国一般大衆の意向を反映して、徴兵制的な必任義務制を持続できなかった。

已むを得ずこれを行う場合には上からの強制によらざるを得なかったので、中央権力の衰退と共に崩壊するのを常とした。これは民意昂揚の如何にかかわらず成立し難い中国の体質であり、幾度か北方の勢力によって政権を奪われることがあっても、北方的な徴兵制が長続きしなかった中国軍制の本質を物語るものである。したがってその本質を変革するためには、強大な権力とこれが背景となるイデオロギーの圧力を必要とした。中国人にこのような基本的体質を形成させたもう一つの理由に強固な血縁、地縁的な人間関係がもたらす地域的結束があった。これが軍隊・軍制のあり方を決定していたのである。中国の歴史はこれまで述べて来たように、南・北両民族による政権交代に伴う二種類の兵制の繰り返しであったが、それは単なる現象にすぎず、地方分権的な募兵制が歴史の大半を占めていたことを承知しておく必要があろう。

(3) 兵　器

戦争を忌避し、政治的、倫理的な面に関心の強い農耕的な漢民族に、科学技術面の発達やこれに基づく兵器の開発が遅れていたことは、大きな特色と言わなければならない。兵器が軍隊に性格を付与し、その軍隊の性格が新しい時代のイデオロギーを誘発すると言う西洋的なアプローチは、このような唯心的な国民性からは育ち難く、西洋的な近代化の道を歩くためには人生観、世界観を根底からくつがえすような新たな信仰の導入を必要とせざるを得ない。

その意味において軍事思想形成の内的要因としての兵器の存在如何が、全体を左右するような影響を及ぼすに到らなかったと言えるであろう。

中国に科学技術面の発展がなかったわけではない。ただこれが直ちに兵器の開発に結びつかず、経済や日常生活面の開発に止まった過去の歴史がこれを物語っている。

内的諸要因の相互関連性について

西洋の軍事思想の形成と変遷の過程においては、兵器、軍事制度および用兵思想の相互関連性を明確に観察することができたが、これは社会的諸条件の変化が激しく、これに伴ってこの種の諸要因が互いに因となり、果となって密接な関係を持っていたことにほかならない。

これに反して中国の軍事思想の変化にはこの種の関係を明確に認識することができないのはなぜであろうか。

第一に社会的諸条件の変化が緩慢で、ほとんど変化らしいものを見ることのできなかった歴史的特性に起因するものと思われる。したがって軍事思想のみを捉える場合においてもそれぞれの要因がほかに影響を及ぼすことが少なかったと見られる。特にその根本的な原因の一つに科学技術面の発達の緩慢さがあげられるであろう。

第二に重要なことは伝統的な儒学的理念がすべての行動の基準となっていて、これを軸として歴史が動いていたという傾向の強さである。軍人、民間人にかかわらず、あらゆる人間の基本理念が儒教的哲理、道義・倫理によって貫かれていたことが、この理念に変化をもたらさない限り、軍事思想を変遷させなかったということになる。

精神文化が高く、ゆるぎない場合、しかもこれに誇りを持つ限り、有形的な物質文化に影響され難いことは、独善的な中華思想が形骸化された近世末期において特に顕著に感ぜられる。

現代の中国軍思想を歴史的にいかに見るか

現代の中国の軍事思想を見るのに、伝統中国のそれとは著しく変革されているように思うものは少なくなかろう。人民戦争戦略やゲリラ戦をはじめ国民総武装、核兵器の開発をはじめとする諸々の兵器の近代化は現象的に見る限り画期的な変化と言わざるを得ない。

しかし中国の長い歴史の梯尺をもってすれば、たとえ現代社会が変革の一過程であるとしても、それは極めて部分的、刹那的なものでしかないと思われるので、今直ちに西洋的な近代化の軌道に入ったと結論づけることのできる段階とは思われない。

我々は結論を求めるよりは、過去の梯尺がもはや無用のものとなっているかどうかについて検討して見ることが必要ではなかろうか。

その立場から今まで検討して来た諸要因について今日的検討を試みるならば、第一に統率理念や統率態度はどうであろうか。端的に言って儒教思想はマルキシズムによって払拭されたであろうか。これはこの方面の専門的学者の意見を待たなければならないが、マルキシズムの中国的適用にあたって儒教的要素が、数千年の歴史から別れをつげて人為的に完全に消滅すると断念するにはいささか躊躇せざるを得ない。

第二に用兵理論についてはますます政略的、外交的側面が重視されていると共に、戦術面の開発がゲリラ戦を通じて活発に行われている。中国にゲリラ戦が従来なかったわけではない。ただこれらが技術的に進歩を見たと共に政略面の一環に統合されたことは否定することができないが、これを軍事思想上の大変革と見るか、一時的な西洋の技術的適用と見るかの捉え方のちがいによって見解も異なるであろう。

また「人海戦術」をもって根本的な軍事思想の変革と見ることもできようが、歴史的段階において現われた一時的現象であるかも知れない。いずれにせよ二〇年や三〇年の短い過渡期的段階を中国的梯尺ではかることは現段階では無理なことと思われる。

第三の軍制についても同様に、武装国家的な全人民皆兵制も過去において征服王朝の初期に一時的には存在した。これが永久的なものとなるためには中国人民の世界観の変革の如何と関係する問題であるだけに、この体制への移行を軽々に断定することには問題があろう。

第四の兵器の近代化は現代国家として存在する限りにおいて避けて通ることはできない。ゲリラ装備から近代軍装備への切り換えは、昔の世界帝国の時代ならばいざ知らず、現代中国においては目下の急務である。文化革命の前後を通じてイデオロギー（紅）と近代化（専）が二者択一的にはげしくゆれ動く中で、ようやく近代化への道に踏み出したと思われる現代中国の前途は依然として多難であろう。

以上をまとめて考えて見ると、軍事思想は現象面から見れば大変革が行われているように思われるが、中国の長い歴史から見るならば、抜本的な変革であるかないかは将来の歴史の審判を待たなければわからない問題ではないかと思われる。

以上は中国の伝統的な軍事思想の推移から見た限りでの現代中国への考察である。

最後にことわっておくことは、戦後台湾に拠った中華民国について触れなかったことは、片手落ちかも知れないが、この時代が余りに短期間であるのと、本書の意図が中国大陸を中心に捉えようとしたことによる。

主要参考書

『東洋戦争史概説』　阿南惟敬　防衛大学校（昭四〇）
『戦争史論』　岩畔豪雄　厚生閣（昭四二）
『戦争類型史論』　酒井鎬次　改造社（昭一九）
『中国史　上・下』　宮崎市定　岩波全書（昭五二）
『孫子の体系的研究』　佐藤堅司　風間書房（昭三七）
『孫子』　岡村誠之　産業図書（昭三七）
『孫子兵術の戦史的研究』　大場弥平　九段社（昭三四）
『孫子成立の史的考察』　河野収　防大紀要（昭四九）
『クラウゼウィッツと孫子の比較研究』　武藤章　偕行社記事（昭八）
『人民戦争』　野島嘉晌　原書房（昭四三）

世界の主要な戦争年表（第二次世界大戦まで）

西欧

- 前四三一～ ペロポネソス戦争
- 三三六～ アレキサンダーのペルシャ遠征
- 二六〇～ ポエニー戦争(1)
- 二一九～ 〃 (2)
- 一四九～ 〃 (3)
- 五八～ ガリヤ征伐（シーザー）
- 四九～ ポンペイウスとの戦

西・中央アジア

- 前二三五〇 サルゴン大王の征戦
- 一七七〇 ハンムラビ大王の征戦
- 一五八〇 アパリスの大戦
- 一二八六 カデッシュの戦
- 五五〇～ ペルシャ帝国戦争
- 三三四～ グラニコス河畔の戦
- 三三三～ イッソスの戦
- 一八九～ マグネシヤの戦
- 後三一 アクチウムの海戦
- 四〇 大月氏軍との戦

南アジア

- 前二〇〇〇 アーリヤ人の侵入
- 三二六 ピダスバス川の戦
- 二六四～ アショカ帝国戦争

中国およびその周辺

- 前一七六七 鳴条の戦
- 一〇二七 牧野の戦
- 六三二 城濮戦
- 五九七 邲の戦
- 四九四 呉越の戦
- 三三五 秦対、六国戦争
- 二五六 秦帝国戦争
- 二〇三～漢帝国戦争
- 後一八 赤眉の乱
- 二三 昆陽の戦
- 四三 徴側、徴式の叛乱

日本

六四二～ サラセンとの戦
一〇九六～ 十字軍の役

二九〇～ ゴート王の統一戦争
四五一 カタラウヌムの戦
五二八 タラスの戦
六二四 バドルの戦
六三六 ヤルムークの戦
六五六 ラクダの戦
七三二 ツールの戦
七八〇 ムカンナーの乱
八七〇 ザンジの乱
九五五 レッヒ河畔の戦
一〇五五～ セルジュクトルコの侵入
一一三二～ カラ・キヌイ起る
一一九二～ タラ・インの戦

七三～ 対匈奴戦
一八四 黄巾の乱
二〇〇 官渡の戦
二〇八 赤壁の戦
二三四 五丈原の戦
三〇〇 八王の乱
三一一 永嘉の乱
三八三 淝水の乱
五二五 六鎮の乱
五四九 侯景の乱
六一一 高句麗征伐
六二六 玄武門の変
六六三 白村江の戦
六九〇 武周革命
七五五 安史の乱
八七五 黄巣の乱
九五四 高平の戦
一〇三八 対西夏戦
一一〇二 金・遼戦
一一二七 靖康の変
一一三一 和尚原の戦
一一六一 采石の戦
一一七〇 朝鮮夷発の乱

六七二 壬申の乱
九三九 天慶の乱
一〇五六 前九年の役
一〇八七 後三年の役
一一八四～ 源平の戦

一二二一 対ジンギス汗戦争
一三一五～ スイス独立戦争
一三三九～ 百年戦争
一四五三 対オスマントルコ戦争
一四五五～ バラ戦争
一四九八～ イタリア戦争
一五六二～ ユグノー戦争
一五八九 スペイン艦隊の撃滅
一六一八～ 三〇年戦争
一六四二～ 英国革命戦争
一六五二 根蘭戦争
一六六七～ ネーデルランド戦争
一六七一 オランダ戦争
一六九五 ペートル大帝の遠征

一二二三～ カルカ河の戦
一二四一 ワールスタットの戦
一二六七 ハイツの乱
一三六九～ チムール帝国戦争
一三八〇 クリコポの戦
一五三八 プルヴェザの海戦
一五七一 レパントの戦
一六八八 カルタン汗の侵入
一六九五 トラ河の戦

一二八七 ナサウンジャン
一二八八 安南元戦
一五二五～ ムガール朝戦争
一五四七～ ビルマ・タイ戦争
一五五六～ アクバラ軍戦争
一六二三 アンボイナ戦争

一三五一 紅巾の賊
一三六九 明・元戦
一四一〇 オノン河畔戦
一四一四 オイラート征伐
一四四九 土木の変
一五九二 ボハイの反乱
一六一九 サルフの戦
一六三一 李自成の乱
一六六一 鄭成功台湾戦
一六七三 三藩の乱
一六八五 アルベゾンの戦
一六九〇 ズンガル征伐

一二二一～ 承久の乱
一二七四～ 文永・弘安の役
一三一八 正中の変
一三三一～ 元弘の乱
一三三六 湊川の戦
一四六七 応仁の乱
一四～一六世紀 倭寇
一五六一 川中島
一五九二 文禄の役
一五九八 慶長の役
一六〇〇 関ヶ原の戦
一六一四 大阪冬の陣
一六一五 大阪夏の陣
一六三七 島原の乱

一七〇〇〜 北方戦争
一七〇一〜 スペイン王位継承戦争
一七三三〜 ポーランド 〃
一七四〇〜 オーストリー 〃
一七五六〜 七年戦争
一七七五〜 米独立戦争
一七九三〜 ポーランド分割戦争
一七九八〜 対エジプト戦争
一八〇〇〜 対オーストリー
一八〇五 トラファルガル・アウステルリッツ
一八〇六 対普戦争
一八〇七 対普露戦争
一八一二 スペイン遠征
一八一二〜 統一・解放戦争
一八一五 ワーテルロー
（一七九八〜一八一五） ナポレオン戦争
一八二〇〜 ギリシャ独立戦争
一八四八〜 デンマーク戦争
一八五三〜 クリミヤ戦争
一八五九〜 イタリア統一戦争
一八六一〜 米・南北戦争
一八六六〜 普墺戦争
一八七〇 普仏戦争
一八七七〜 露土戦争
一八七九 ペルー・チリー戦争

一七五四 ポロタラ河の戦
一七九三 ヤブキル海戦
一八三八 アフガン戦争
一八四八 グジュラートの戦

一七四四 カルナチック戦争
一七五七 プラッシー戦争
一七六七 マイソール戦争
一七七五 マラータ戦争
一八一四 アングロ・ネパール戦争
一八二四 ビルマ戦争
一八四五 シク戦争
一八五二 ビルマ戦争II

一七四七 金川の乱
一七五八 回部の乱
一七九六 白蓮教の乱
一八四〇 アヘン戦争
一八五〇 太平天国の乱
一八五六 アロー戦争
一八八四 清仏戦争

一八六二 薩英戦争
一八六三 馬関戦争
一八六八 戊辰戦争
一八七四 台湾征伐
一八七七 西南の役
一八九四〜 日清戦争

一八九八 米西戦争 一八九九 ボーア戦争 一九一二 第一次バルカン戦争 一九一三 第二次 〃 一九一四～ 第一次世界大戦 一九三四 エチオピア戦争 一九三六 独・ラインランド進駐 一九三六 スペイン内乱 一九三九 独・オーストリー併合 一九三九 ソ芬戦争 一九三九～ 第二次世界大戦
一八九八 アフガン戦争Ⅱ 一九一二 バルカン戦争 一九一九 アフガン戦争 一九二一 サカリヤ戦争
一八八五 ビルマ戦争Ⅱ
一九〇〇 義和団事件 一九一一 辛亥革命 一九二八 済南事変 一九二九 ソ支紛争
一九〇四～ 日露戦争 一九一八～ シベリヤ出兵 一九二七 山東出兵 一九三一～ 満州事変 一九三七～ 支那事変 一九三九 ノモンハン事件

あとがき

軍事思想史をいかに叙述することが妥当であるかは、その方法についてはいろいろの考え方があると思う。

筆者の基本態度については序章において述べた通りであって、紙数の制限と筆者の能力の限界から以上のような要約に終ったわけであるが、軍事思想史を世界史的な観点から書き進めようとした筆者の試みは、必ずしも読者の満足を得るものではなかったのではないかと反省している。

しかしこのような試みが読者の今後の研究意欲を増進させるための踏み石の一つとなれば幸いである。

最後に「歴史は未来を予言し得るものだろうか」の問いに答えておきたいと思う。

軍事思想史も史と称する限り歴史であることに間違いはない。歴史は過去を取り扱うものであるが、それを扱う方法は過去からだけでは生まれてこない。将来に対するある種の見通しがあってこそ過去の扱い方も出てくるのである。

このような意味で未来学と歴史学とは兄弟のようなものでなければならない。

つまり歴史は未来を予測し、かつ未来を創造するための諸条件を提供することによって未来を考察する能力を促進する役目を果すことになる。しかも過去に存在した諸々の条件にはそれぞれ各時代ごとに密接な相互関係を保ちつつ、歴史の推移と共に様々な順列組み合わせを繰り返して現在に至っている。

したがって現代は過去に全く見ることのなかった特異な時代でありながら、過去の累積、総合の結果であると共に、次期の未来を解決すべき鍵を握っているものと見ることができよう。まさに未来をも含めた歴史は現代を頂点とする連続と非連続の時間帯とも言うべきものである。

本書で取りあげた軍事思想の諸要素を見ても、軍隊の性格、兵役制度、兵器の精能としての殺傷力、破壊力、機動力、防護力、用兵思想を形成する地理的、精神的、技術的要素等はいつの時代においても存在していたが、これらが総合された各時代の軍事思想は、時代背景との関係において常に斬新かつ非連続なものの如く登場しては、やがて時代と共に去って行った。しかも各時代に人間が英智の限りを尽くして産み出した諸々の遺産は常に消滅するのではなくて、形を変え、姿を変えて各時代に生き続けてきた連続性の跡と見ることができる。我々が現代に抱えている諸々の未来的課題の中にもこれらの諸要素が一つ一つの解決の鍵としての可能性をもって存在し、現代の我々の英智によってまとめられるのを待っている。

これらについて若干の具体的な話題を挙げて見よう。

軍隊について見れば、久しく固定化され、常識となっている常備軍隊を変形させて自宅待機の制度を採用している国がある。また徴兵制度を修正して軍務に服するものと、それ以外の公的勤務に服するものとに分けてその制度を維持している国がある。

しかし、これらは過去において全く見ることのなかった新規の制度であると言えるだろうか。

軍事技術が高度に発達した現代において原始的な兵器が少しも衰えを見せずに恰好なケースにおいて意外な効果をあげている。これに関連して地理的条件の一つである用兵上の地形的要素が都市と称する新規の地形となって、戦術的な価値を発揮している面が見られる。

あるいはまた、『孫子』の昔から重視されながら、用兵史上それほど問題にされていなかったと言うか、扱い難いものとされた「天」の要素、つまり、天候、気象等が戦術面ばかりでなく、戦略面において、あるいは広く、政治、経済、文化等の面においても重要視されようとしている。最近では過激なゲリラによる破壊的テロに対して、軍事力と警察力の谷間を埋める準軍事力と称するパワーの期待が用兵上の要請に応えなければならなくなっている。これらの諸要素はほとんどが過去の軍事史の中で、異なる諸条件のもとに存在し、それぞれの時代の人々が、これらをその時代に適応させるように知恵を駆使して軍事的創造をやって来たものではなかろうか。

我々は本書を通じて西洋の、あるいは中国の異国における軍事思想の跡をたづねて来たのであるが、両者を比較すれば相当大きなちがいが見られるが、同時に基礎的な諸要素においては共通するものがあるのを知ることができた。おそらく今回触れることのなかったわが国の場合においても同様の比較がなされることであろう。その点ではある意味において異国の歴史を訪ねることの方がかえって自らを知り、冷静な反省を行うことができる点が少なくない。異国の軍事思想史を学ぶことの今日的な意義がここにあるのではなかろうか。

これを要するに歴史は現代と未来に対して多くの可能性を提供してくれている。そしてこれが現代の我々に対して何が必要であるか、それをいかに組み合わせるか等を選択し、考察させる素材となっているのである。

しかし同時に人は自己の伝統に対して宿命的である必要はない。また新たな時代を迎えて革命的な変革を行ったからと言って伝統が消えるというものでもない。この二つのことを承知しておくことが大切であろう。

解説　道標としての『軍事思想史入門』

――未来への視座――

片岡徹也

兵学研究を日本で確立するために、浅野祐吾の生涯は捧げられた。遺稿の中で浅野は、自らを「今日のドン・キホーテ」と形容している。「自分を思う」と副題の付けられた遺稿のなかの一文は、浅野の志と歩みを自らの手で率直に記している点で貴重である。

幼にしては幼年学校を志願し、体格で失格するや、3年間の鍛錬を得て、中学4年で陸士に挑戦し、宿願を果し軍人の道へと第一歩を印した。不幸にして少佐の時に祖国の敗戦に会し、無念の涙をのんで5年間のソ連抑留生活の身となる。この間祖国の軍再建のための身心に亙る修練を経て昭25年帰国す。戦争論、国防論を書くことを生涯の使命と感じて読書を開始しつつ、一時民間の企業に身を投ず。歴史――心理学をはじめあらゆる学問へのスタートが開始された。やがて自衛隊が発足したが、ソ連抑留者の故をもって入隊出来ず、機を待つうち29年漸く、時機到来。欣喜して自衛隊に入る。斯くて昭和46年迄幹部自衛官として勤務し、停年となるや、民間の繁栄する企業に目もくれず、薄給に甘んじて防衛庁教官となって60歳迄軍職を続ける。この間多数の研究を行ったが、ついに纏った本を公刊するに到らず。それは何故か。
「軍人は学者に非ず」、「金貰けのための出刊《ママ》に非ず」　従って昭44年「現代兵学体系論」を世に出したが、これも幹校長の要務により記事室より部内出版したに過ぎず、他は多くは他人のための推薦や支援に終始する、人はこれを美徳なりとするものあり。
地位も名誉も欲せず、たゞ黙々として自己の研究に専念し、併せて後輩、先輩、関係のための縁の下の力持ちとなって支援したのは正に「悠久の大義に殉ずるの心構え」なりとする。

浅野に親炙した人々、とくに女性は秀麗な眉目の下に潜む憂愁に気がついていた。それは浅野にも悲劇の人である一面があったからだ。北朝鮮の師管区参謀で終戦を迎えた浅野は、壊乱のなかで愛妻と愛児を喪っている。これに加え、ソ連での抑留体験がある。遠い異境の地で日本人同朋が互いに助け合って苦難を乗り越えてきたという綺麗事だけではなかったはずだ。密告や裏切りを含め、人間の暗部や恥部をも浅野は見てきたはずだ。

このような体験を経てきた浅野にとって、まさに兵学の研究は全人格を賭しての使命であった。浅野の兵学には血が流れていたし、また流されていた。再び未熟な兵学や偏頗な兵学、さらには兵学研究の怠慢によって、自らをも襲った悲惨と人間不信に満ちた出来事を繰り返すことのないようにする。それが幼にして陸軍正規将校の道を志し、選ばれて陸軍大学校に学んだ浅野の責任感であった。浅野の自衛官生活も、このためにあった。

尊敬する先輩は多数おりはしたものの、この点に関しては浅野に一切の容赦はなかった。『日本陸軍用兵思想史』の著書、前原透はそうした浅野の姿を鮮烈に記憶している。戦史畑に入って間もない頃、前原は旧陸軍大学校の教官歴を持ち、ドイツの戦史書を何冊も訳した本郷健の研究会に出ていた。前原によれば、本郷の講義はオーソドックスな旧陸軍大学校式の戦史で、旧軍の用兵思想を知る上では非常に有益であったが、そこに「こんな講義をして何になるのだ、どんな意味があるのだ」と質問というよりも、論戦を挑む人物がいたと言う。当然、それは浅野祐吾であった。

兵学研究は軍人の存在意義そのものに関わると考える浅野にとって、栄達に目を奪われ、他人を踏台にして昇進を遂げようとする人間は軍人の偽物であり、破廉恥な男であった。己を滅して清冽な生き方を貫いた浅野は、殊の外この偽物と見なした人物たちには厳しかった。教養人であったから露骨に態度には示さなかったものの、こうした人間たちには本音のところでは挨拶を返すのも不愉快だったのではないかという証言もある。だが、その種の人間は無神経なことが多いから、おそらく浅野に落第点をつけられたことに気がつかなかったろうと思われる。

浅野が日本で兵学研究を確立したいと考えたとき、幾つもの壁が存在することに即座に気がついたと思われる。その第一は一般学界の無理解、無関心である。現在の広報幹部、教育研究職にある自衛官であっても、浅野以上に有識者、大学人と呼ばれる人種に会いに行った人間はまずいないだろう。軍学協同で兵学研究を進めることを理想とした浅野は、「学問はサロンで」をキャッチフレーズに、大学人との間でネットワークを作るべく奔走した。そこに浅野が多くの学会で役員を務めた理由があった。

だが、内なる壁は外の壁にも増して厚かった。内なる壁とは、死生の巷を往来する軍人にとって重要なのは実践と断行するための腹の据わりであって、下手に学問をするとこれらに支障をきたすと考える軍人たちの意識の壁であった。この壁を打破するために浅野は、軍事専門職にとっての学問の意味、理論と実践の関係、理論と教養の差等、兵学の本質論に答えなければならなかった。

この面で浅野を助けたのは初代防衛庁戦史室長、西浦進であった。浅野と西浦を繋ぐことを含め、浅野の密接な協力者であった近藤新治戦史編纂官は、そそくさと昼食を済ませた浅野が毎日正午になると戦史室長室に入り、午後一時のラッパが鳴るまで、兵学に関しての疑問点を西浦にぶつけては討論を重ねていた姿を記憶している。陸軍士官学校の期別でいって二十期上の西浦と浅野の二人は本当に愉しそうであったという。西浦の著書『兵学入門』と浅野の『現代兵学体系論』を読み比べてみると、問題意識と方法論において多くの共通点があること、すなわち二人の協同研究の様子が窺われる。なお近藤戦史編纂官とは、多産な著作を誇る戦史作家、土門周平のことである。

浅野の兵学樹立という宿願が果されたのかに関しては、今日においても答はノーである。その理由の一つは天が無情にも、浅野に長命を与えなかったことだ。そして第二の理由は、浅野の兵学に対する志を直接に継承する者が出なかったことだ。昭和五十年五月十三日と日付の入った遺稿のなかで浅野は、旧陸軍大学校に相等する陸上自衛隊の最高学府、陸上自衛隊幹部学校に自分の後継者が出ないことについて、「昭46現職退官以来ふみ止まること漸く4年にして思う。『私の後に続く者が出来ないこと』…もとより制度上待遇上の問題が第一の理由として挙げなければならないが、第二の理由として私のような馬鹿な奴が居ないということは或は喜ばしいことかと嘆んぜざるを得ない。兵学の前途が先細りであると共に兵学それ自体に楽しさがないのかもしれない」と書いていた。

これに先立つ五月十日と日付のある遺稿が、すでに紹介した「今日のドン・キホーテ——自分を思う——」だ。このなかで浅野は「私の人生をして3《ママ》～40年時代をさかのぼらせることが出来るならば、私は後世に残るような軍人であったと思うと思わず苦笑せざるを得なくなる…遺憾ながら時代は進んでいた。時代が変化すると斯様な見方に価値がなくなるのだろうか」と記している。すでに浅野は昭和四十三年十一月に印刷された「一研究員のメモ」において、「研究員が研究の本質を叫びながら行政家の道を歩み…立身出世の興味が湧き、研究を捨てて、権力慾や物慾のとりこになる」と、行き着く先を予感した一文を残している。

「今日のドン・キホーテ」において、まとまった本は公刊していないと書いた浅野だが、その生前、この『軍事思想史入門』の出版を見ることが出来た。それは浅野自身の「まえがき」にあるように、渋る浅野を説きくどいた近藤新治らの熱意の産物であり、この背景には原書房先代社長、成瀬恭の懇望があったと伝え聞いている。

冷戦酣《たけなわ》であった浅野祐吾の時代に比べ、今日では大学院で学ぶ研究者の予備軍が軍事を研究テーマに選ぶことは一見容易になったかのように見える。実際、多くの研究論文が出されてもいる。だが、本当に日本国であり日本国民を再びあの悲惨な体験に巡り合わさせないようにするための戦争の科学、兵学は浅野祐吾の時代に比べ、進んだのだろうか。むしろ兵学と断絶した各個別研究は発展を遂げる一方で、本然の兵学研究への熱意は下がり続けたままのように思えてならない。

浅野の死後、諸外国の軍事思想史研究は進歩している。だが、浅野祐吾の『軍事思想史入門』は、軍事を研究する者の道標であり続けると思う。それは浅野祐吾の志を軍事を研究する者は戒めとすべきだという意味である。兵学は売名や奇を衒って外国の珍奇な学説を紹介して功名心を満足するためにあるのではない。日本国であり、日本国民の未来のためにあるという視座を失ってはならないのだ。浅野以後、軍事思想史を書き、公刊する者が現れなかったのは、各方面の怠慢があったと思う。だが、『軍事思想史入門』から更に一歩を進めようとする若い世代に対し、きっと在天の浅野祐吾は声援してくれると思う。

浅野の勁烈な一面を余りに強調しすぎたかもしれない。浅野は一面では洒脱な都会っ子で、文学書が大好きであった。この方面の浅野祐吾像については、曽野綾子のユーモア小説『ボクは猫よ』を御覧頂きたい。勿論、小説だから浅野祐吾そのものではないが、山谷のドヤ街のシスターをともに訪ねる件《くだり》など、実際の浅野と曽野の交流を踏まえたエピソードが豊富に書き込まれている。

（軍事思想史・用兵思想史）

浅野祐吾（あさの・ゆうご）
大正7年生。陸軍士官学校、陸軍大学校卒。終戦直後5年間ソ連抑留。
昭和29年陸上自衛隊入隊。主として幹部学校にて教育、研究に従事。
昭和46年自衛隊退官（陸将補）。ひきつづき、昭和54年まで防衛庁教官。
昭和57年没。

軍事思想史入門《ぐんじしそうしにゅうもん》
——近代西洋《きんだいせいよう》と中国《ちゅうごく》——

●

2010 年 *3* 月 *30* 日　第 *1* 刷

著者……………浅野祐吾《あさのゆうご》
解説……………片岡徹也
発行者……………成瀬雅人
発行所……………株式会社原書房
〒160-0022 東京都新宿区新宿1-25-13
電話・代表03(3354)0685
http://www.harashobo.co.jp
振替・00150-6-151594

印刷……………株式会社明光社印刷所
製本……………誠製本株式会社

ISBN978-4-562-04566-2, Printed in Japan

本書は1979年小社刊『軍事思想史入門』に新たに解説を加筆した増補新装版である。